STEAMPUNK SOLDIERS

UNIFORMEN & WAFFEN
AUS DEM DAMPFZEITALTER

Zauberfeder Verlag, Braunschweig, Germany

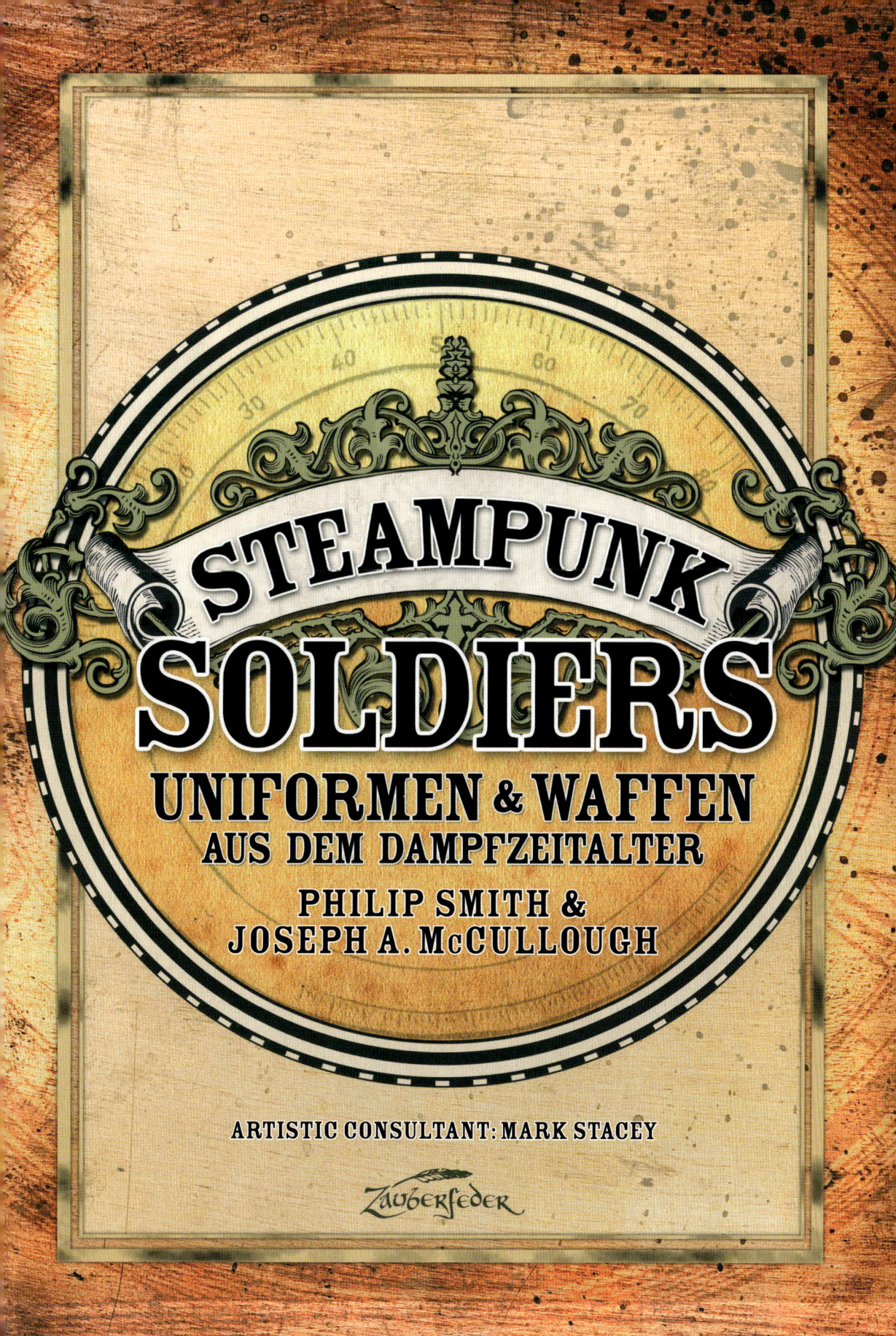

STEAMPUNK SOLDIERS

UNIFORMEN & WAFFEN
AUS DEM DAMPFZEITALTER

PHILIP SMITH &
JOSEPH A. McCULLOUGH

ARTISTIC CONSULTANT: MARK STACEY

Zauberfeder

Philip Smith & Joseph A. McCullough

„Steampunk Soldiers – Uniformen & Waffen aus dem Dampfzeitalter"

Die englische Originalausgabe dieses Buches ist unter dem Titel Steampunk Soldiers 2014 bei Osprey Publishing (PO Box 883, Oxford, OX1 9PL, UK, PO Box 3985, New York, NY 10185-3985, USA) erschienen. Osprey Publishing ist Teil der Osprey Group.

Erste Auflage 2015

Autoren: Philip Smith und Joseph A. McCullough

Illustrationen: Mark Stacey

Design: PDQ Media, Bungay, United Kingdom

Übersetzung: Diana Bürgel

Übersetzungslektorat: Stephan Naguschewski

Deutscher Satz: Christian Schmäl

Herstellung: Tara Tobias Moritzen

Druck und Bindung: UAB BALTO print, Vilnius

Printed in Lithuania

ISBN 978-3-938922-92-7

www.zauberfeder.de

Hinweis:

Das vorliegende Buch ist sorgfältig erarbeitet worden. Dennoch erfolgen alle Angaben ohne Gewähr. Autoren und Verlag bzw. dessen Beauftragte können für eventuelle Personen-, Sach- oder Vermögensschäden keine Haftung übernehmen.

INHALT

EINLEITUNG
6

GROSSBRITANNIEN
8

FRANKREICH
34

DEUTSCHLAND
52

VEREINIGTE UND KONFÖDERIERTE
STAATEN VON AMERIKA
70

RUSSLAND
92

ÖSTERREICH-UNGARN
110

ITALIEN
120

JAPAN
130

KLEINERE MÄCHTE
138

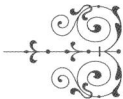 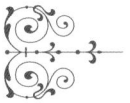

EINLEITUNG

In unserer modernen Welt der Computer, kybernetischen Prothesen und Überschall-zugreisen, in der Kriege ebenso oft im Cyberspace ausgetragen werden wie in der realen Welt, fällt es einem manchmal nicht leicht, sich eine Vergangenheit vorzustellen, in der Maschinen noch laut, klobig und ineffizient waren. Und doch war es so in den ersten vier Jahrzehnten nach dem Meteorschauer des Jahres 1862, der unserer Welt das Wunder des Hephaestiums brachte. Dieser neue Stoff, der heißer, länger und heller brannte als alles bis dahin Bekannte, leitete ein neues Zeitalter der Weiterentwicklung ein. Die Großmächte der Nordhalbkugel wurden von der vollen Wucht des Meteor-schauers getroffen, kamen dadurch jedoch auch in den Genuss riesiger Hephaesti-um-Mengen. Freudig wandten sie sich den neuen Wissenschaften und Technologien zu, die durch dieses merkwürdige und wundervolle Element möglich wurden. Viele der Entwicklungen stellten sich als unpraktisch oder hoffnungslos mangelhaft heraus, doch andere veränderten buchstäblich die Welt. Natürlich lieferte eine so kostbare neue Energiequelle den Ländern der Erde – den Großmächten wie den kleineren Staaten, die darum kämpfen mussten, neben den großen zu bestehen – einen neuen Grund, zu den Waffen zu greifen. In diesem frühen Dampfzeitalter brachen auf der ganzen Welt zahlreiche Konflikte aus, angefangen bei kleinen Gefechten bis hin zu ausgewachsenen Kriegen, und diese Kämpfe trieben die Entwicklung nur noch weiter voran.

Es war ein erstaunliches Zeitalter, nicht nur im Hinblick auf militärische Entwicklungen, sondern auch in Bezug auf den militärischen Prunk. Soldaten marschierten in strahlenden, bunten Uniformen auf, geschmückt vom glänzenden Stahl und Messing ihrer Waffen und ihrer Ausrüstung. Unterstützt wurden sie durch neu entwickelte Kriegsmaschinen: Landschiffe, Läufer, Unterseeboote und lenkbare Luftschiffe. Die europäische Presse glorifizierte diese neuen Kriege und ihre Kämpfer, sie veröffentlichte grell geschilderte Berichte von verwegenen Heldentaten und Abenteuern in entlegenen Gegenden. Obwohl diese Kriege ebenso brutal und gewaltträchtig waren, wie Kriege eben seit jeher sind, begeisterten sich die Bürger für die Berichterstattung, da sich die Kämpfe meist in weit entfernten Gegenden mit exotischen Namen abspielten. Ein solcher Bürger war Miles Vandercroft, dessen Name der Geschichts-schreibung bis zum Frühjahr des Jahres 2012 vorenthalten blieb.

Während der Zeit, in der wir für Osprey Publishing arbeiteten, wurden wir von Hunderten, wenn nicht Tausenden von Menschen kontaktiert, die behaupteten, un-veröffentlichte Manuskripte gefunden zu haben, die unser Geschichtsverständnis auf den Kopf stellen würden. Die meisten davon waren einfach etwas zu enthusiastisch, andere dagegen waren echte Scharlatane, die vorgaben, Rommels geheimes Tage-buch oder britische Pläne für eine Invasion in Island entdeckt zu haben. Ein paar dieser Menschen hatten jedoch tatsächlich etwas Besonderes ausgegraben.

So auch Samantha Callaghan, die Osprey von einer Sammlung militärischer Zeichnungen berichtete, die ihr Ururonkel Miles Vandercroft angefertigt hatte. Sie schien sich nicht im Klaren darüber zu sein, was dies für eine Sammlung war, die sie als „hübsch" und „schön anzusehen" beschrieb – Worte, die man nicht oft in der Welt der Militärgeschichte hört.

Unser Interesse war geweckt, und obwohl wir nicht erwarteten, auf etwas wirklich Wertvolles zu stoßen, beschlossen wir, uns mit Samantha zu treffen. Wie sich herausstellte, hatte sie etwas wirklich Einzigartiges im Gepäck. Die Sammlung bestand aus einem Wirrwarr an Papieren, Leinwänden und Notizbüchern. Wir begriffen sehr schnell, dass wir da auf einen wahren Schatz gestoßen waren: Seite um Seite wunderbar detailgetreue Zeichnungen der Soldaten des späten 19. Jahrhunderts. Dazu handgeschriebene Notizen, die darauf hindeuteten, dass diese Studien aus eigenen Erfahrungen heraus entstandenen waren.

Weitere Nachforschungen und Beratungen mit Experten für die Kriege des frühen Dampfzeitalters bestätigten, dass eine Sammlung wie diese bisher beispiellos ist. Abgesehen von den Beschreibungen der berühmten Regimenter jener Zeit waren auch einige der von Miles Vandercroft gezeichneten Technologien und Uniformen zuvor gar nicht oder nur durch vage Erwähnungen oder bruchstückhafte Artefakte bekannt. Im Laufe der nächsten eineinhalb Jahre widmeten wir uns den Nachforschungen über Miles Vandercroft und jene Soldaten, die er gemalt hatte. Über den Künstler selbst konnten wir enttäuschend wenig herausfinden. Wir wissen, dass er im Jahr 1866 als Sohn eines Ingenieurs in Sheffield geboren wurde. Im Jahr 1885 begann er sein Studium an der Portsmouth and Gosport School of Science and Arts, der heutigen Universität von Portsmouth, doch obwohl er einige Jahre an der Schule verbrachte, beendete er sein Studium offenbar nicht. Stattdessen bestieg er im Jahr 1887 ein Schiff nach Frankreich. Von den nächsten acht Jahren in Miles' Leben wissen wir nur das, was wir aus den Notizen zu seinen Zeichnungen herauslesen können. Im Jahr 1895 kehrte er nach England zurück und lebte dort anscheinend ein ruhiges Leben als Landschaftsmaler (auch wenn wir keines seiner Bilder ausfindig machen konnten), bis er im Jahr 1903 bei einem Zugunglück bei Crewe starb. Er hat nie geheiratet, und seine wenigen Besitztümer gingen auf seinen jüngeren Bruder und durch diesen schließlich auf Samantha über.

In dem Jahrhundert, das seit seinem Tod vergangen ist, hat die Geschichte Miles Vandercroft beinahe vergessen – bis heute. Nun sind wir stolz darauf, diese Sammlung seiner Arbeit zu präsentieren. Fast alles hier Gezeigte stammt vom Künstler, inklusive der Notizen, die jede Zeichnung begleiten. Wir haben lediglich die Zeichnungen in eine logische Reihenfolge gebracht und jedem Kapitel eine kurze Einleitung vorangestellt. Wir möchten unseren Lesern in Erinnerung rufen, dass diese Bilder einzig und allein aus dem privaten Interesse des Künstlers und über acht Jahre hinweg entstanden sind, ohne einen Gedanken an Einheitlichkeit oder Verständlichkeit. Trotzdem hoffen wir, dass Sie uns alle zustimmen, wenn wir sagen, dass er etwas von bleibendem Wert erschaffen hat, etwas, für das wir ihm – besonders jene unter uns, die sich mit Militärgeschichte beschäftigen – großen Dank schulden.

Philip Smith & Joseph A. McCullough
Osprey Publishing
Oxford, 2014

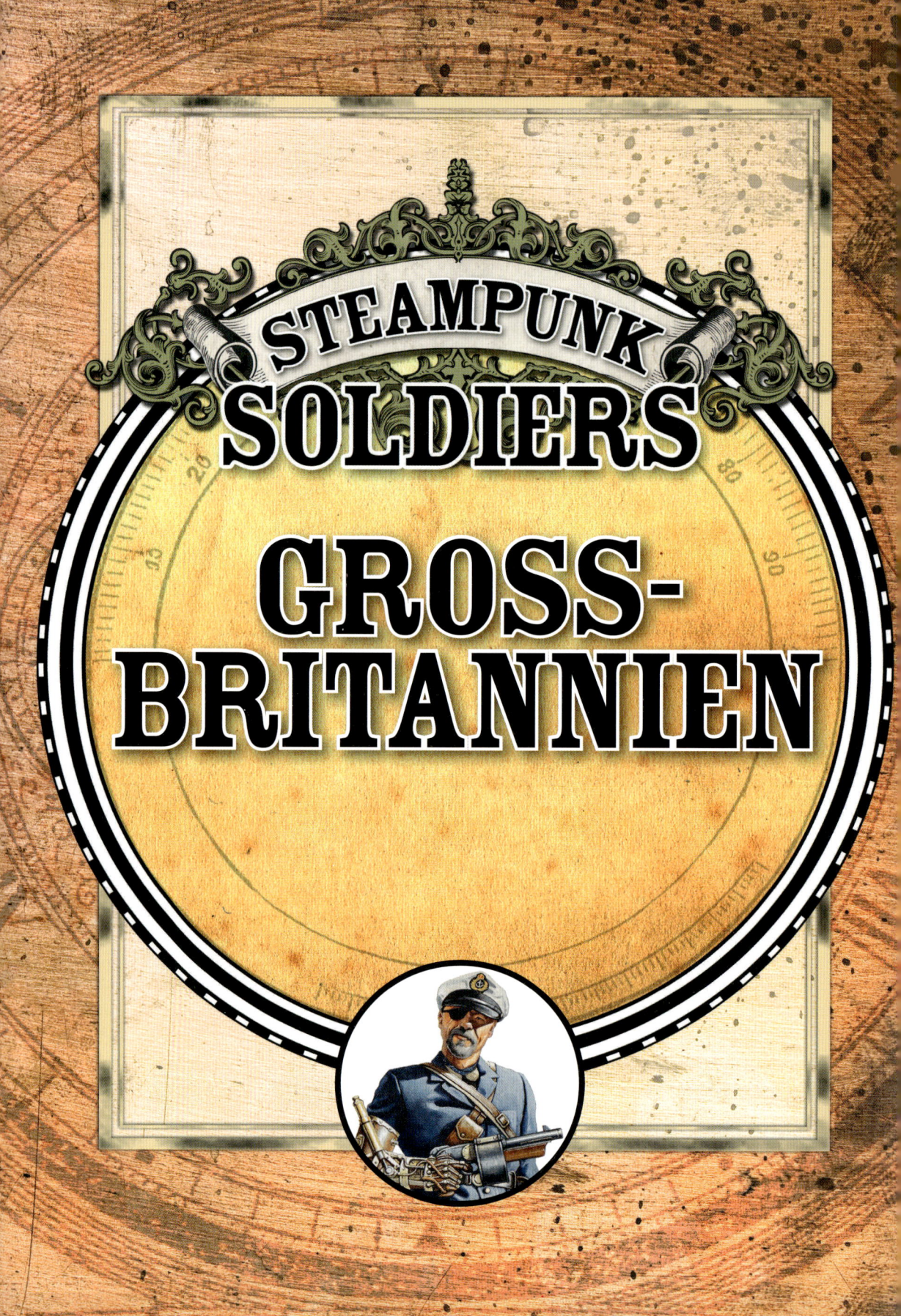

STEAMPUNK
SOLDIERS

GROSS-
BRITANNIEN

Nach dem Sieg in den Napoleonischen Kriegen entwickelte sich Großbritannien rasch zur überragenden wirtschaftlichen und militärischen Weltmacht mit einem Imperium, das sich über die ganze Erde erstreckte. Mit seiner starken, zentralen Regierung und einer stabilen Monarchie war das Land in der perfekten Position, um die neuen Möglichkeiten zu nutzen, die der Meteorschauer von 1862 mit sich brachte. Während kleine Brocken von Hephaestium auch in Teilen Schottlands und Nordenglands niedergingen, wissen wir mittlerweile, dass die mit Abstand größten Mengen in Kanada herunterkamen. Dies führte zu einigen frühen Grenzstreitigkeiten mit den Vereinigten Staaten, die sich jedoch in den Wirren des Bürgerkrieges befanden und deshalb kaum in der Lage waren, Kanada diese reichen Funde streitig zu machen. So konnte Großbritannien riesige Mengen an Hephaestium über den Atlantik schiffen und so mit Leichtigkeit den größten Vorrat Europas anlegen.

Da Großbritannien damals in keine großen Kriege verwickelt war, ist es wohl nicht verwunderlich, dass der erste Aufschwung der Dampftechnologie dort weniger auf militärische Bereiche ausgerichtet war als in vielen anderen Ländern, zumindest in den ersten Jahren nach dem Meteorschauer. Stattdessen gab es die größten Entwicklungen im Ingenieurs- und Transportwesen. Der britische Schienenverkehr, der schon zuvor der beste der Welt gewesen war, schwang sich mit riesigen Konstruktionsprojekten wie der Ulster-Brücke und der Shetland-Verbindung in neue, schwindelerregende Höhen empor, während die Schiffswerften den ersten Kreuzer für die Weltumrundung bauten.

Diese technologischen Innovationen blieben vom britischen Militär nicht unbemerkt und schon bald wurden die besten Erfindungen für den Militärgebrauch umgebaut. Dies wurde zuerst in der Royal Navy sichtbar, die ihre Dominanz mithilfe einer neuen Generation von Panzerschiffen aufrechterhielt und es Großbritannien gestattete, sein sich ausdehnendes Imperium noch besser im Griff zu behalten. Natürlich kann ein solches Imperium nicht ohne Konflikte aufgebaut und gesichert werden, und in der zweiten Hälfte des 19. Jahrhunderts war Großbritannien mit einer ganzen Reihe kleinerer Kolonialkriege beschäftigt, was in einigen von Vandercrofts Bildern zum Ausdruck kommt.

SERGEANT

24th Regiment of Foot

Im Juni 1886 führte Lord Chelmsford (General Frederic Thesiger) eine gemischte Streitkraft aus Infanterie, Kavallerie und Pionieren in die Kaserne von Portsmouth und verschwand daraufhin prompt. Offiziell heißt es, dass Lord Chelmsford mitsamt den unter seinem Kommando stehenden Soldaten auf See geblieben sei, doch merkwürdigerweise gibt es keine Berichte über zu jener Zeit verschollene Schiffe. Tatsächlich gibt es keinen einzigen Augenzeugen dafür, dass sich die Truppen überhaupt eingeschifft hätten. Über eintausend britische Soldaten sind einfach verschwunden.

Da ich selbst zu jener Zeit in Portsmouth studierte, habe ich die Streitmacht an der Stadt vorübermarschieren sehen, und ich bin froh darüber, dass ich rasch eine Zeichnung von einem der Soldaten des 24. Infanterieregiments angefertigt habe. Damals nahm man an, dass die Streitmacht nach Afrika geschickt werden sollte, wozu auch ihre Ausrüstung zu passen schien. Die glänzenden stählernen Brustharnische hätten gegen die primitiven Waffen der Einheimischen einen guten Schutz geboten, und die Schutzbrillen und Atemschutzmasken wären wegen des afrikanischen Staubes ebenfalls sehr nützlich gewesen.

Heute frage ich mich, ob diese Soldaten tatsächlich nach Afrika geschickt werden sollten ...

TROOPER

„THE QUEEN'S OWN" COURIER SERVICE

Der erst vor Kurzem im Jahr 1886 ins Leben gerufene Kurierdienst hat bereits tiefen Eindruck auf die Öffentlichkeit gemacht. Tatsächlich waren die Schaurennen im Jahr 1887 so beliebt und so beeindruckend für das Auge, dass Königin Victoria den Kurierdienst höchstpersönlich zu dem ihren erklärte.

Allerdings sind nicht alle Angehörigen des Militärs übermäßig begeistert vom Kurierdienst. Die dampfbetriebenen Hochräder sind zwar bestens dafür geeignet, gut ausgebaute Straßen entlangzufahren und die sanften Hügel der britischen Landschaft zu durchqueren, im Feld oder während militärischer Einsätze sind sie jedoch weniger brauchbar. Darüber hinaus hat diese Einheit eine ungewöhnlich hohe Anzahl von Verletzungen zu verzeichnen, insbesondere für eine Truppe, die nur selten in der Schlacht eingesetzt wurde. Die Übungsprotokolle weisen regelmäßig Unfalleinträge zu gebrochenen Armen, Handgelenken oder Schlüsselbeinen auf.

Der hier abgebildete Soldat steht neben seinem Raleigh-Hochrad „Woodhead Racer II", das bei Übungseinsätzen auf bis zu 50 Stundenkilometer kam. Wie alle Mitglieder des Kurierdienstes ist er lediglich mit einem Webley-Revolver bewaffnet.

HIGHLANDER BATTLESUIT

THE BLACK WATCH

Da die neuesten Feuerwaffen bei Reichweite, Zielgenauigkeit und Feuergeschwindigkeit einen gewaltigen Entwicklungsschub gemacht haben, glaubt so mancher, dass die Tage des Nahkampfes gezählt sind. In Schottland jedoch haben die Militäringenieure hart daran gearbeitet, das berühmte Highland-Kommando auch auf einem modernen Schlachtfeld zu einem relevanten Faktor zu machen. Mit ihrer neuesten Erfindung, dem Kampfanzug der Highlander, könnte ihnen das gelungen sein.

Ausgestattet mit dem modernsten Brunel-Dampfkessel Mk VIII „Super Burn" kann der Anzug fast acht Stunden lang in der Schlacht getragen werden, ohne aufgetankt werden zu müssen. Sein taktischer Einsatz in der Schlacht besteht darin, sich dem Feind so rasch wie möglich anzunähern, um dort dann mithilfe des Claymores und der durch Dampfkraft gesteigerten Kraft ein Blutbad anzurichten. Darüber hinaus ist der Anzug mit einer am Arm befestigten Schnellfeuerwaffe ausgestattet, einer sogenannten Mini-Maxim, die im Laufen abgefeuert werden kann.

Recht kontrovers wird die Tatsache diskutiert, dass der Anzug außerdem einen eingebauten automatischen Dudelsack besitzt, der mit unglaublicher Lautstärke *Scotland the Brave* spielt.

MAJOR

The Royal Berkshire Regiment

Im Zuge der von Kriegsminister Hugh Childers durchgeführten Reformen im Jahr 1881 wurden das 49th Princess Charlotte of Wales's Regiment und das 66th Berkshire Regiment of Foot zu dem neuen The Royal Berkshire Regiment zusammengefasst. Diesem Regiment wurde eine Kaserne in Reading zugewiesen. Leider ist dies nur ein Beispiel für das Verwaltungschaos, das Childers Reformen verursacht haben. Für die Hälfte der britischen Armee galten danach noch immer die traditionellen Regimentsstrukturen, wohingegen die andere Hälfte über Brigadedistrikte organisiert wurde.

Das Royal Berkshire ist gegenwärtig in Südafrika stationiert. Obwohl es im Augenblick offiziell keine Feindseligkeiten in diesem Land gibt, haben die meisten Offiziere des Berkshires die Rangabzeichen von ihren Uniformen entfernt, da es Angriffe von Heckenschützen und andere Attentatsversuche gab. Erfolgsversprechender wäre diese Maßnahme, wenn die Offiziere auch ihre Seitenwaffen ablegen würden, doch das ist wohl eher unwahrscheinlich.

Interessanterweise trägt dieser Offizier eine Einzelschuss-Bournbrook-Sportpistole, auch „Eagle Eye" genannt. Um den linken Arm hat er eine Jägermanschette mit eingebautem Präzisionsverbesserer.

EINHEIMISCHER OFFIZIER

SKINNER'S HORSE

Skinner's Horse wurde im Jahr 1803 als irreguläres Kavallerieregiment der East India Company gegründet und gehört mittlerweile zu den ältesten und bedeutendsten Regimentern der British Indian Army. Das Regiment kämpfte sowohl im Ersten als auch im Zweiten Afghanischen Krieg sowie im Ersten und Zweiten Sikh-Krieg. Es war eines der wenigen Regimenter, die dem Empire gegenüber auch während des Aufruhrs im Jahr 1857 loyal blieben.

Anders als bei vielen anderen Einheiten der indischen Armee gibt es in Skinner's Horse sowohl britische als auch einheimische Offiziere. Der hier abgebildete einheimische Offizier trägt den für die Einheit typischen gelben Mantel mit der farbenfrohen Schärpe. Das Muster der Schärpe, das im Turban – oder *Dastar* – wieder aufgegriffen wird, steht für die ehrenvolle Geschichte der Einheit.

Ungewöhnlicherweise trägt der Offizier auch ein frühes Modell einer Dampfprothese. Wegen der enormen Kosten sind selbst ältere dampfbetriebene Ersatzglieder auf dem indischen Subkontinent ein ungewöhnlicher Anblick. Dieses Exemplar scheint umgebaut worden zu sein, vermutlich um dem Träger auf dem Pferderücken eine bessere Kontrolle zu ermöglichen.

TROOPER

17th Lancers
(The Duke of Cambridge's Own)

Erst vor Kurzem sind die Männer des 17. Lanzenreiterregiments nach England zurückgekehrt. Fast zwanzig Jahren hatte diese Einheit keinen britischen Boden mehr betreten, da man sie sowohl nach Südafrika als auch nach Indien entsandt hatte. Sollte die Rebellion in Südafrika wieder aufwallen – wonach es gerade aussieht –, wird das 17. zweifellos erneut in jenes weit entfernte Land geschickt.

Da diese Einheit so viel Zeit in aufständischen Gebieten verbracht hat und oft in Nahkämpfe gegen armselig bewaffnete Einheimische verwickelt war, wurden ihre üblichen Kampfanzüge stark abgewandelt. Sie sind nun schwer gepanzert, um Nahkampfwaffen und Feuerwaffen mit niedriger Mündungsgeschwindigkeit trotzen zu können. Besonders bemerkenswert sind der Tropenhelm mit der eingebauten Gesichtsmaske und die schwere, stoffbespannte lederne Brustplatte.

Die Lanze trägt einen explosiven Kopf, der mithilfe eines Abzugsmechanismus gezündet werden kann. Obgleich es keinen Zweifel daran gibt, dass diese Waffe verheerende Wunden verursachen kann, bezeichnen sie viele Angehörige des Militärs als überflüssig und verschwenderisch.

FRONTIER SCOUT

GURKHA RIFLES

Da sich die britischen Interessen in Tibet und China während der vergangenen Jahrzehnte verstärkt haben, sah sich die Regierung gezwungen, neue Akteure suchen, die dort Informationen sammeln. Es überrascht wohl wenig, dass diese Aufgabe immer öfter den Soldaten der verschiedenen Gurkha-Regimenter zufällt. Obwohl die britischen Behörden dies abstreiten, ist allgemein bekannt, dass sich Gurkhas schon seit Jahren einzeln oder in kleinen Gruppen über den Himalaja nach Tibet einschleichen.

Im Feld verfügen diese Männer über eine umfangreiche Spezialausrüstung, die eigens für ihre Rolle als inoffizielle Scouts entwickelt wurde. Berühmt sind sie für die Sammlung unterschiedlicher Gashandgranaten, die sie bei sich tragen. Die Wirkungsweise reicht von einfacher Raucherzeugung bis zur Giftwolke. Eine der Granaten enthält sogar ein Entblätterungsmittel, obschon über das militärische Anwendungsgebiet dieser Waffe Unklarheit herrscht.

Der hier dargestellte Scout trägt darüber hinaus ein Remington-Zündnadelgewehr und das ,Asia-Modell' einer britischen Gasmaske – und natürlich das berühmte Gurkha-Messer, das *Kukri*.

GUNNER

4TH REGIMENT ROYAL ARTILLERY

Das 4. Regiment ist schon lange bekannt dafür, dass man ihm immer wieder neu entwickelte und experimentelle Ausrüstung zur Verfügung stellt, demnach ist es kaum überraschend, dass es als erste Einheit mit Selbstfahrlafetten ausgestattet wurde. Ursprünglich bezeichnete man diese Kanonen als „pferdelose Artillerie", und dieser Begriff wird noch immer häufig verwendet. Doch wie auch immer man sie nennt, diese mobilen Waffen haben der Armee zweifellos bereits viel an Pferdefleisch und Menschenkraft eingespart. Zugegeben, sie sind anfällig für Pannen und haben Probleme mit rauem und schlammigem Terrain, doch aus diesem Grund steht jeder Batterie noch immer eine berittene Einheit zur Verfügung.

Am aufsehenerregendsten setzte das 4. Regiment seine Kanonen während der Belagerung und Eroberung von Tripolis (1877) und während der Schlacht am Tafelberg (1881) ein. Damit verdienten sich die Soldaten sowohl das Lob ihrer Befehlshaber als auch Battle Honours durch die Regierung.

Diesem Artilleristen ist es irgendwie gelungen, sich eine vierläufige „Howdah Pistol" zu sichern, die man wohl eher zum Schutz vor Tigerangriffen als zu militärischen Zwecken einsetzt. Außerdem trägt er ein neues Werkzeug mit anpassbarem Kopfteil.

SERGEANT

CORPS OF ROYAL ENGINEERS

Das Motto des Corps of Royal Engineers lautet *Ubique* – „Überall" –, und es fasst die Vergangenheit dieser ehrwürdigen Einheit treffend zusammen. Obwohl das Corps nicht im gleichen Maße Ehrungen erhält wie andere Regimenter, ist dies doch vielleicht ein Segen für jene, die über solche Dinge Buch führen müssen: Die Royal Engineers haben in buchstäblich jedem Feldzug gedient, in den die britische Armee auf irgendeine Weise verwickelt war. Und sie haben sich mehr als einmal als entscheidender Faktor erwiesen, der über Sieg oder Niederlage entscheidet.

Der Sergeant der Royal Engineers auf dieser Zeichnung ist für einen schweren Einsatz ausgerüstet. Er trägt einen Brunel-Ingenieursanzug, der nach dem gefeierten Ingenieur Brunel benannt (wenn auch nicht von diesem entwickelt) wurde. Dieser dampfbetriebene Anzug verleiht seinem Träger/Bediener gesteigerte Kräfte und Ausdauer und kann mit diversen Werkzeugen ausgerüstet werden, je nach Einsatzgebiet. In dieser Ausführung wurde der Anzug mit den serienmäßigen und zugleich sehr vielseitigen Klauen- oder Zangenarmen versehen.

ROYAL MARINE

Naval Assault Detachment

Ein Großteil der britischen Militärstrategien beruht auf der Stärke und Vielseitigkeit der Royal Navy und ihrer Fähigkeit, die Macht des Empires in die Welt hinauszutragen. Wenn auch der hohe Wert der Royal Marines niemals angezweifelt wird, gibt es doch einige Interessengruppen in den Reihen der Admiralität, die der Meinung sind, das enorme Potenzial der Royal Marines als Kampftruppe, die sowohl an Land als auch auf See einsatzfähig ist, werde nicht voll ausgeschöpft. Aus diesem Grund wurde eine Menge Geld investiert und es wurden große Anstrengungen unternommen, um Techniken und Ausrüstungsgegenstände zu entwickeln, die das Einsatzgebiet der Royal Marines erweitern sollten. Aufgrund dessen stehen die Royal Marines nun in allen Bereichen der amphibischen Kriegsführung, der Flusseinsätze und der Seelandungen an vorderster Front.

Diese Zeichnung zeigt einen Pionier aus letzterem Einsatzgebiet: einen Mann der Naval Assault Detachments. Diese Streitkräfte sind sowohl im Tiefseetauchen als auch für reguläre Kampfeinsätze ausgebildet und mit Sauerstofftanks und Stahlpfeile verschießenden Druckluftgewehren ausgestattet. Üblicherweise werden sie bei verdeckten Seelandungen eingesetzt. Berühmt ist der Einsatz während des Indonesien-Feldzugs (1890), bei dem Royal Marines mit mehreren Sauerstofftanks ausgerüstet von der in britischer Hand liegenden Stadt Luwuk auf die von den Deutschen besetzte Insel Peleng vorstießen. Der Einsatz ist bekannt als der „Feuchte Marsch".

ROYAL MARINE

AIRSHIP SECURITY DETACHMENT

Ganz anders als ihr Gegenstück in der Deutschen Marine, die Zeppelintruppen, gehören die Royal Marines des Royal Navy's Airship Security Detachments nicht zur Elite ihres Regiments. Sonderlich gut ausgerüstet werden sie ebenfalls nicht. Tatsächlich wird eine Neuzuordnung zu diesem Kommando im Allgemeinen als Strafe betrachtet, was bedeutet, dass sich hier vor allem Streithähne, Trunkenbolde, Besserwisser und andere Unruhestifter tummeln.

Auf dieser Zeichnung eines Royal Marines, der auf der HMA *Leodegrance* diente, ist klar zu erkennen, wie spärlich die Standardausrüstung ist. Dieser Mann musste sogar auf einen Zivilistenschal zurückgreifen, um sich warm zu halten. Aufgrund der offensichtlichen Gefahren von Feuerwaffen auf einem Luftschiff sind die Soldaten des Airship Security Detachments lediglich mit einem Entermesser bewaffnet. Für den Notfall werden ein paar Gewehre in einem Waffenschrank aufbewahrt. Dieser Marinesoldat hält außerdem eine tragbare Telefonanlage in den Händen, durch die er, wenn er sie an eine entsprechende Station im Luftschiff anschließt, direkt mit der Kommandobrücke sprechen kann.

COMMANDER BEAUMONT

ROYAL NAVY

Als ganzer Stolz der britischen Streitkräfte regiert die Royal Navy die Meere und wird so oft in den Einsatz geschickt, dass ihre Offiziere praktisch ausnahmslos kampfgestählte Veteranen sind. Einen solchen Mann sehen wir hier. Commander Beaumont, Kapitän des Zerstörers HMS *Halifax*, war sowohl bei den Gefechten im Golf von Aden (1886 und 1887) als auch bei dem Gefecht von Sumatra (1890) dabei. Außerdem munkelt man, er habe beim Beschuss von Kapstadt (1873) den Feuerbefehl erteilt.

In Sumatra wurde die *Halifax* von einem japanischen Torpedo getroffen; bei der Explosion verlor Commander Beaumont seinen rechten Arm. Da er mittlerweile jedoch eine dampfbetriebene Prothese besitzt, trägt dies höchstens noch zu seiner einschüchternden Erscheinung bei. Dazu kommt, dass er sein rechtes Auge schon früh in seiner Laufbahn während eines Entermanövers auf ein Südstaaten-Kaperschiff verlor. Diese Verletzungen führten unweigerlich dazu, dass ihm seine Mannschaft den Spitznamen „Old Nelson" verlieh.

Der Commander trägt hier eine Nock Decksweeper – eine Flinte mit Trommelmagazin, die bei der Royal Navy zu den beliebtesten Waffen für Entermanöver gehört.

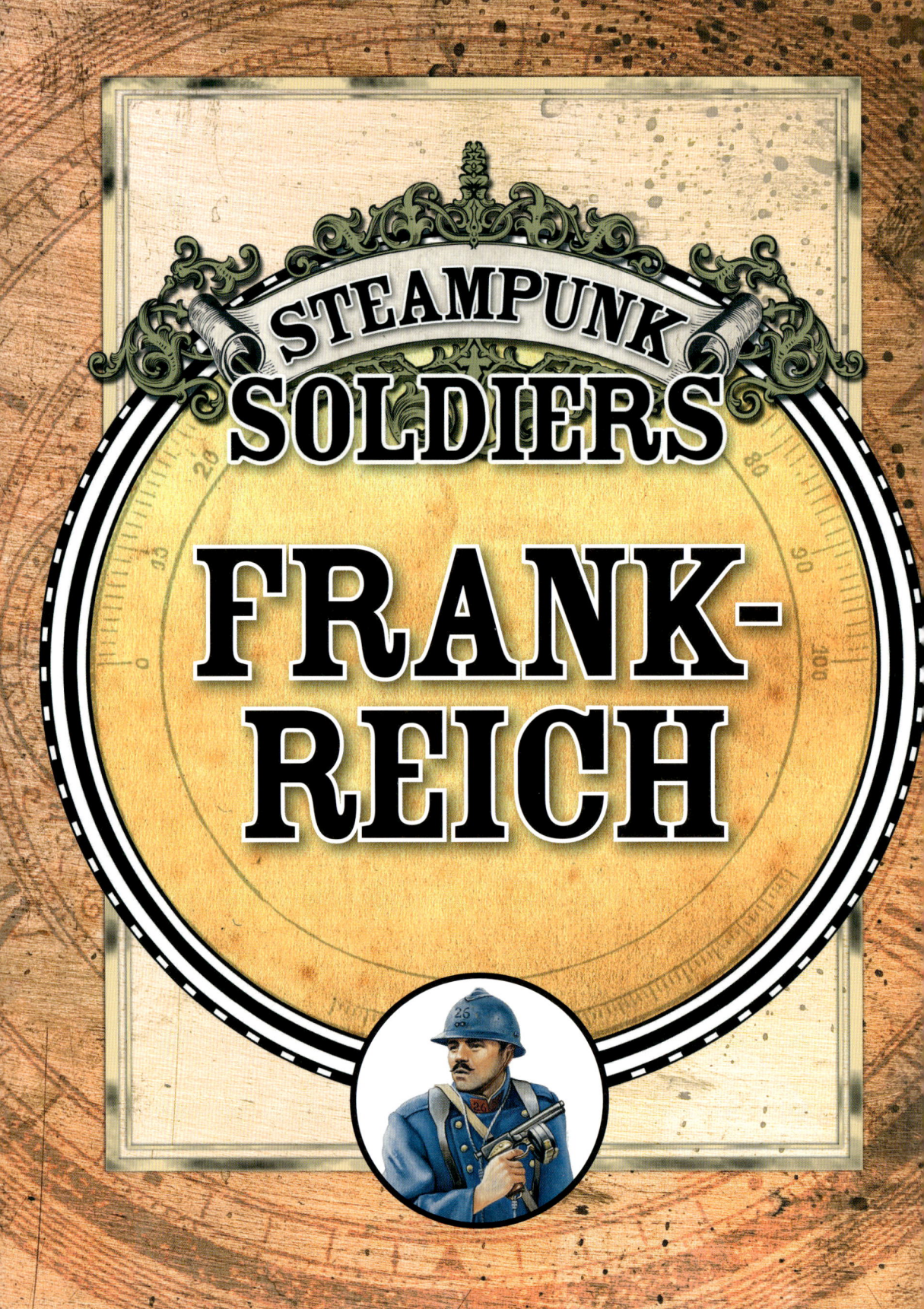

STEAMPUNK
SOLDIERS
FRANK-
REICH

Frankreich häufte nicht so viel Hephaestium an wie Großbritannien und es setzte seine Ressourcen auch nicht so offensiv für Forschung und Entwicklung ein wie Deutschland. Stattdessen arbeitete sich das Land langsam, aber entschlossen voran, steckte seine beschränkten Ressourcen in ganz bestimmte Bereiche, hauptsächlich in die Militärtechnik und die Weiterentwicklung der Artillerie, und wurde auf diesen auswählten Gebieten schon bald zum Vorreiter. Da dem französischen Führungsstab die Belagerung von Sewastopol noch frisch im Gedächtnis war und weil Napoleon III. die Vorliebe seines Onkels für die Artillerie teilte, ist es wohl wenig überraschend, dass das französische Militär einen so großen Teil seiner Vorräte in diesen beiden Bereichen einsetzte.

Trotz dieser Schwerpunkte beim Einsatz der neuen Hephaestium-Technologie erhielt sich Frankreich eine fast altmodische Vorstellung der Kriegsführung. So setzten die Franzosen weiterhin auf Artilleriebeschuss und große Infanterietruppen, um die Feindesreihen zu durchbrechen und für einen Angriff der starken und mannigfachen Kavallerieeinheiten vorzubereiten. Die neuen Technologien änderten an dieser grundlegenden Strategie nur wenig. Die Infanterie wurde mit Angriffswaffen mit geringer Reichweite ausgestattet, während die Kavallerie hoch entwickelte, leichte Rüstungen erhielt, damit sowohl Pferd als auch Reiter eine Chance gegen moderne Feuerwaffen hatten.

Im Verlauf dieses Jahrhunderts spielten solche Strategien bei der zunehmenden Politisierung des französischen Militärs eine maßgebliche Rolle. Zwischen 1870 und 1888 kam es zu nicht weniger als einem Dutzend kleinerer Aufstände und Meutereien, was in den Großen Meutereien von 1889 mündete. Auch noch nach diesen Aufständen blieb die französische Armee eine Brutstätte politischer Unruhen. Eine ganze Reihe von politisch unterschiedlich gesinnten Soldatenvereinigungen – die *Syndicats Militaires* – bildeten sich, und sie waren ebenso entschlossen, sich gegenseitig zu bekämpfen, wie den Führungsstab an den Verhandlungstisch zu zwingen. Aufgrund dieser Unruhen wurden die bedeutendsten militärischen Erfolge Frankreichs in diesem Jahrhundert in den Kolonien gefeiert, wo die Truppen hauptsächlich aus einheimischen Einberufenen und der hochdisziplinierten Fremdenlegion bestanden.

AUFKLÄRUNGS-LÄUFER

FRANZÖSISCHE FREMDENLEGION

Dieser Aufklärungsläufer der Renard-Klasse namens Delphine gehört zum 2. Bataillon, 2. Regiment der französischen Fremdenlegion. Es ist ein leicht gepanzertes, gewandtes Fortbewegungsmittel, das die Rolle der Legion als schnelle Eingreiftruppe des französischen Militärs widerspiegelt. Die breiten, flachen Füße ermöglichen dem Gerät eine gute Balance und eine gleichmäßige Gewichtsverteilung, was in der nordafrikanischen Wüste – für die der Delphine entworfen wurde – unabdingbar ist. Sollte das Terrain jedoch felsig oder anderweitig problematisch werden, ist diese Konstruktionsweise eindeutig ein Nachteil, daher kommt wohl auch der Spitzname *Pied Plat* (Plattfuß), den die Soldaten dem Delphine gegeben haben. Da er ein reines Aufklärungsgefährt ist, wird der Renard nur mit einem einzigen Saint-Étienne-Maschinengewehr ausgestattet.

Trotz seiner Konstruktionsmängel wurde der Renard seit seiner Einführung im Jahr 1875 in sämtlichen Konflikten der Legion eingesetzt. Da er mittlerweile jedoch ein eher veraltetes Modell ist, wurden viele Läufer an eine ganze Reihe von Nationen verkauft, vorwiegend (was nicht unumstritten ist) an all jene Länder, die am zweiten Krieg des Dreibundes (1880–1884) beteiligt waren. Trotzdem gehört er auch weiterhin zum Arsenal der Fremdenlegionseinheiten, die in Afrika stationiert sind. Seine Geschwindigkeit und Reichweite machen ihn dort zu einer unschätzbar wertvollen Waffe.

LEGIONNAIRE

1. Bataillon, 3. Regiment

„Marschier oder stirb!" Dieses inoffizielle Motto der französischen Fremdenlegion ist den Legionären so in Fleisch und Blut übergegangen, dass es genauso gut das offizielle Motto sein könnte. Der Ruf der Legion als besonders ausdauernde und zielorientierte Streitmacht hat zur Folge, dass sie als schnelle Eingreiftruppe eingesetzt wird, die sich sofort an jedes Kriegsgebiet, in der sie benötigt wird, anpassen kann. Die Legionäre waren schon immer stolz darauf, „die ganze Nacht hindurch marschieren und den ganzen Tag lang kämpfen zu können". Die neuesten technologischen Entwicklungen unterstützen diese Fähigkeiten noch.

Der Legionär aus dem 1. Bataillon, 3. Regiment auf dieser Zeichnung wurde mit von Peugeot konstruierten, dampfbetriebenen Außenskelettbeinen ausgestattet, die ihrem Träger gesteigerte Ausdauerfähigkeit und Kraft verleihen. Er trägt einen vollgepackten Rucksack und das schwere Lebel-M1886-Gewehr. Außerdem hat er den bespannten Tropenhelm auf, der ihn als Mitglied einer der asiatischen Garnisonen ausweist.

Obwohl diese Legion für die weißen Käppis der Nordafrika-Einheit bekannt ist, hat sie sich hauptsächlich in Indochina einen Namen gemacht. Als die Streitkräfte der Legion im Jahr 1875 dort ankamen, wendete sich der Verlauf des Krieges und die Legionäre standen an vorderster Front der Gegenangriffstruppen, die die chinesischen Armeen zurückdrängten und im Folgejahr sogar die Grenze zu China überschritten.

MASCHINEN-GEWEHR-SCHÜTZE

3. Zuaven

Ursprünglich wurden die Kämpfer der Zuaven aus den berberischen Einwohnern der von den Franzosen besetzten Gebiete in Algerien rekrutiert, doch mittlerweile sind sie eine rein französische Einheit. Den speziellen nordafrikanischen Uniformstil haben sie jedoch beibehalten. Tatsächlich sind ihre Uniformen das Einzige, was von den anfänglichen Zuaventruppen heute noch übrig ist. Einst fungierten sie als leichte Infanterie, doch in den letzten Jahren haben sie sich mehr und mehr zu Stoßtruppen entwickelt, die an die vorderste Front eines Angriffs geschickt oder damit beauftragt werden, die Linien trotz widrigster Umstände zu halten. Die Zuaven pflegen eine Tradition unerschrockener Tapferkeit bei der Verteidigung und unaufhaltbarer Wildheit beim Angriff, und während einiger jüngerer Konflikte hatten sie reichlich Gelegenheit, diesen Ruf noch zu verstärken.

Sie verfügen vielleicht nicht über die ausgefeilte Technologie ihrer deutschen Pendants, der Sturmtruppen, aber sie gehören dennoch zu den besser ausgestatteten Einheiten der französischen Armee, wie man auf dieser Zeichnung erkennen kann. Dieser Sturmmaschinengewehrschütze der 3. Zuaven hält eine Hotchkiss 75 in den Händen, eines der robustesten Maschinengewehre dieser altehrwürdigen Firma. Zusätzlich zur Uniform der Zuaven scheint er außerdem eine leicht abgewandelte Kavalleristenrüstung zu tragen, nämlich eine Brustplatte, Beinschienen und Unterarmschützer.

SERGENT

6. INGENIEURE

Im 17. Jahrhundert setzten die Franzosen in Vauban als Erste Sappeure ein, und die französische Armee liegt auf dem Feld der Militärtechnik noch immer ganz vorn. Die britischen und deutschen Militäringenieure mögen besser ausgerüstet sein und über fortgeschrittenere Technologien verfügen, doch die französischen Ingenieurregimenter hatten reichlich Gelegenheit, ihre Fähigkeiten zu verfeinern. Sie legen außergewöhnliche Fantasie und ein gewisses Gespür für das Unerwartete an den Tag, Qualitäten, die sie ihrer Erfahrung darin verdanken, mit spärlichen Mitteln Wunder wirken zu müssen.

Ein Beispiel für diese Findigkeit ist die Umleitung des Black River (1884). Außerdem beendeten sie die Pattsituation bei der Belagerung der vermeintlich uneinnehmbaren österreichischen Festung Hochosterwitz (1891), indem sie den Felsen, auf dem die Burg stand, untergruben und damit den Großteil der südlichen Fassade einstürzen ließen.

Hier sehen wir einen Sergent des 6. Ingenieurregiments ohne Jacke und mit der typischen schweren Arbeit beschäftigt. Er trägt einen dampfbetriebenen Einmannbohrer unbekannter Herkunft – ganz sicher wurde dieser Bohrer zu seiner Zeit oft eingesetzt.

GRENADIER

„LES PERDUS"

Les Perdus (die Verlorenen) – der eher düster klingende Name dieser Einheit der französischen Armee kommt daher, dass sie aus Angehörigen solcher Einheiten besteht, die zu schlimme Verluste erlitten haben, um noch eine schlagkräftige eigene Kampftruppe zu bilden. In bestimmten Situationen war die Knappheit an Männern so groß, dass die Befehlshaber die Überlebenden aufgeriebener Einheiten nicht zur Erholung fortschickten, sondern sie stattdessen zu neuen Einheiten zusammenwürfelten und wieder an die Front entsandten. Dieses Vorgehen war einer der Hauptgründe für die Großen Meutereien des Jahres 1889 und seitdem wird davon Abstand genommen.

Hier sehen wir einen Grenadier, der früher zum 11. Infanterieregiment gehörte, nun aber bei den Verlorenen dient. Als Zeichen dafür trägt er das charakteristische Armband. Er hält einen Saint-Étienne-M1885-Granatwerfer mit Vorderschaftrepetierer, der drei Schuss im Röhrenmagazin und einen im Patronenlager bereithalten kann, was dem Träger erlaubt, mehrmals zu schießen, bevor er nachladen muss. Obwohl der M1885 über eine enorme Feuerkraft verfügt, gibt es Klagen darüber, dass er bei feuchtem Wetter öfter mal klemmt.

RECRUE

14. KÜRASSIERE

In einer Zeit, in der so viele Nationen ihre Kavallerie angesichts der sich verändernden Natur des Krieges verkleinern, mag es vielleicht überraschend sein, dass die französische Kavallerie seit den 1870er-Jahren sogar noch gewachsen ist. Tatsächlich beruht dieses Wachstum hauptsächlich auf der Stärkung der Dragoner und der berittenen Infanteristen, trotzdem zeigt es den merkwürdigen Hang der Franzosen zu berittenen Soldaten.

Das Bild dieses Mannes der 14. Kürassiere mit seinem Pferd zeigt, dass die Ausrüstung abgewandelt wurde, um in diesem Zeitalter der Schnellfeuerwaffen bestehen zu können. Der Reiter ist im Grunde noch genauso ausgestattet wie ein Kürassier der Napoleonischen Kriege, doch ein näherer Blick zeigt, dass seine Rüstung aus einer modernen, kugelsicheren Metalllegierung besteht, und sein Stutzen ist ein automatisches Modell.

Das Prunkgeschirr des Pferdes erinnert an das mittelalterlicher Schlachtrösser. Es ist die Art von Rüstung, die mit dem Aufkommen der Musketen nutzlos wurde – doch auch sie ist ein hoch entwickeltes Modell. Da Pferd und Reiter nun besser gegen Schüsse und Granaten geschützt sind, ist das Zeitalter der Kavalleriekommandos vielleicht doch noch nicht vorüber.

CAPITAINE

26. INFANTERIE

Diese Skizze zeigt einen Hauptmann der 26. Infanterie, eines Regiments, dessen Soldaten hauptsächlich aus der Gemeinde Sarlat-la-Canéda in Dordogne stammen. Das Regiment hat sich selbst einen Spitznamen gegeben, der sich auf das Wappen seiner Heimatstadt bezieht: *Les Salamandres* (die Salamander). Und genau wie es die Legende über diese sagenhafte Kreatur erzählt, ist das Regiment auch schon ab und an durchs Feuer gegangen.

Wo auch immer es eingesetzt wird, das 26. scheint die unheimliche Fähigkeit zu besitzen, immer genau im Mittelpunkt des Geschehens zu stehen. Dieses Phänomen ist so ausgeprägt, dass die Soldaten dieses Regiments in der gesamten Armee als die Pechvögel des französischen Militärs gelten. Selbst als sie einer der Kanalgarnisonen zugeteilt wurden, geriet das 26. in die Schusslinie einer Gefechtsübung der Artillerie.

Trotz dieser Vergangenheit zeigen jene Männer die eiserne Unverwüstlichkeit, die typisch für die französischen Soldaten ist: Sie akzeptieren ihr Schicksal mit wahrhaft gallischem Gleichmut. Der hier dargestellte Hauptmann ist mit der M1887, einer Steyr-Repetierpistole bewaffnet, die er entweder privat gekauft oder als Trophäe während der Kämpfe gegen die österreichischen Truppen im Jahr 1890 mitgenommen haben muss. Da das 26. nicht an diesem speziellen Einsatz beteiligt war, ist Ersteres wohl wahrscheinlicher.

TIRAILLEUR

4. Senegalesische Tirailleure

Die Senegalesischen Tirailleure sind trotz ihres Namens Rekruten aus allen französischen Kolonien in West- und Zentralafrika. Sie bilden den Kern der *La Coloniale* – der französischen Kolonialstreitkräfte. Während die meisten der Tirailleure in ihren Heimatländern dienen, werden mittlerweile auch immer häufiger afrikanische Truppen als Verstärkung in die Kriegsgebiete Europas geschickt.

Auf dieser Skizze sehen wir einen Tirailleur des 4. Regiments in üblicher Montur. Obwohl er in Europa dient, verschmäht er die ihm zugewiesenen Stiefel und bevorzugt es, barfuß zu gehen, wie es in den afrikanischen Garnisonen üblich ist. Er ist mit einem Lewis-Schnellfeuergewehr und dem furchteinflößenden senegalesischen *Coupe-coupe*-Messer bewaffnet. Die amerikanische Lewis wirkt wegen ihrer fremdländischen Herkunft im französischen Arsenal deplatziert; dieses Modell ist allerdings eine französische Ausführung einer Lewis, ein Lizenznachbau von Hotchkiss. Das *Coupe-coupe* ist, ganz wie die Lewis, eine fremdländische Waffe, die vom französischen Militär übernommen wurde. Ursprünglich ist es eine senegalesische Klinge, die aber so effektiv ist, dass in Massenproduktion hergestellte Ausführungen an alle französischen Kampftruppen ausgeteilt werden, die im Ausland dienen.

STEAMPUNK SOLDIERS

DEUTSCH-LAND

Es mag sehr klischeehaft klingen, aber tatsächlich zeichnete sich die Reaktion der Deutschen auf den großen Meteorschauer des Jahres 1862, gesteuert von Vordenker Otto von Bismarck, durch Effizienz und Ordnung aus. Den verschiedenen Mitgliedstaaten des Deutschen Bundes stand zwar nicht annähernd so viel Hephaestium zur Verfügung wie Russland oder Großbritannien, doch die Funde innerhalb der deutschen Grenzen wurden praktisch über Nacht in die Obhut einiger der größten Wissenschaftler und Denker Europas gegeben, was eine blitzschnelle Untersuchung und sofortige Experimente ermöglichte. Obgleich die Aufzeichnungen darüber noch immer nicht freigegeben sind, nimmt man an, dass das Militär des Deutschen Bundes seine neuen Waffen bereits im Feld testete, als die anderen Nationen noch Monate davon entfernt waren, auch nur ihre Entwürfe fertigzustellen.

Nur zwei Jahre später marschierten deutsche Truppen, bewaffnet mit Hephaestium-Waffen und -Rüstungen auf allerneuestem Stand, in Dänemark ein, beantworteten damit nachdrücklich die Schleswig-Holsteinische Frage und gaben Bismarck die Rückendeckung, die er brauchte, um die preußisch dominierten Mitgliedsstaaten des Deutschen Bundes zu vereinigen und so das Deutsche Reich zu gründen.

Großbritannien mag den Vorteil einer vergleichsweise friedlichen Zeit gehabt haben, in der die Briten die durch das Hephaestium neu entwickelten Technologien verfeinern und perfektionieren konnten, doch Bismarcks neues Deutschland profitierte von einer Reihe kleinerer Kriege gegen die von Österreich unterstützten süddeutschen Staaten, die sich gegen die Vereinigung wehrten. Während dieser kurzen Feldzüge konnten neue Waffen und Technologien im Einsatz getestet und ausgefeilt werden und die deutsche Armee wurde bald zu einer der fortschrittlichsten Europas. Ganz besonders auf dem Gebiet der Panzerungen und Rüstungen brillierte Deutschland – angefangen bei den Schutzpanzerungen der Sturmtruppen bis hin zu den Infanterie-Rüstungsanzügen der Kaiser-Klasse und den Panzerschiffen der Kaiserlichen Marine –, was den deutschen Streitkräften einen ebenso berechtigten wie legendären Ruf verlieh, nämlich den, unaufhaltbar zu sein.

ZEPPELIN-TRUPPEN

2. BATAILLON

Nur die bemerkenswertesten Offiziere und Unteroffizere des Seebataillons kamen zur Eliteeinheit der deutschen Marine, zu den
Zeppelintruppen. Heute gibt es fünf Bataillone, die großräumig
auf dem deutschen Gebiet verteilt stationiert sind. Der Haupt-
sitz befindet sich im Wettersteingebirge, wo Höhe und Tempera-
tur am besten dafür geeignet sind, die Soldaten auf den Einsatz
vorzubereiten. Ihre Aufgabe ist es, alle Zeppeline der deutschen
Streitmacht zu schützen, ob nun vom Boden aus oder in der Luft.

Wenn sie auf einem Zeppelin im Einsatz sind, tragen die Mitglieder der Zeppelintruppen eine mehrlagige, versteppte Uniform, die ihnen Wärme spendet. Dazu verfügen sie über ein
Dreyse-Luftgewehr, wie man auf dieser Zeichnung eines Soldaten des 2. Bataillons erkennen kann. Die Kaiserliche Marine
musste schmerzlich lernen, wie gefährlich Feuer und Funken
an Bord eines Zeppelins sind, weshalb die Dreyse-Luftgeweh-
re eingeführt wurden, um derartige Risiken zu minimieren. In
einer mit einer Pumpe betriebenen Kammer staut sich kom-
primierte Luft, die, wenn sie freigesetzt wird, Bleikugeln ver-
schießen kann. Es bleibt zwar ein gewisses Restrisiko, dass
eine Kugel eine Metallstrebe streift und dabei Funken schlägt,
doch die fehlende Zündung macht die Dreyse sehr viel sicherer
als eine herkömmliche Feuerwaffe.

STURMTRUPPEN

SÄCHSISCHE INFANTERIE

Zweifellos sind die Sturmtruppen die gefürchtetsten unter den deutschen Streitkräften. Bei jedem Angriff findet man sie an der Front. Sie gehen methodisch und effektiv vor und brechen jeden Widerstand. Jeder einzelne Soldat einer Sturmabteilung ist von beeindruckender körperlicher Erscheinung, gestählt durch eine brutale Ausbildung, die hier alle durchlaufen müssen. Es gibt Gerüchte über seelische Konditionierung, die diese Männer zu gefühlskalten Tötungsmaschinen macht, doch dies ist wohl recht weit hergeholt und derlei Gemunkel beruht vermutlich eher auf Propaganda als auf tatsächlichen Beweisen. Trotzdem hat die deutsche Armee diese Gerüchte gestärkt und gestützt, was ihren Ruf, den sie sich durch diverse Kampfhandlungen der Sturmtruppen erworben hat, noch mehrt. Die Niederschlagung des Aufstandes von Danzig (Frühjahr 1879) und die Einnahme von Beauregard (Februar 1882) sind nur zwei berühmte Beispiele für solche Einsätze. Tatsächlich wurden die Sturmtruppen bis zur Ruhr-Offensive im Jahr 1884 von ihren Feinden für unbesiegbar gehalten.

Dieser Angehörige einer sächsischen Sturmabteilung ist für einen Einsatz zur Wahrung der öffentlichen Ordnung ausgerüstet, wie an der unverhüllten Pickelhaube zu sehen ist. Er trägt die typische Rüstung der Sturmtruppen, dazu außerdem einen taktischen Einsatzschild sowie eine stark abgewandelte Mauser-Sturmpistole, ausgestattet mit einem Kastenmagazin, damit nicht mehr so oft nachgeladen werden muss.

SCHARFSCHÜTZE

2. JÄGER

Die Soldaten des Scharfschützenkorps der deutschen Armee werden unter den ohnehin sehr talentierten Schützen der Jägerregimenter ausgewählt und sind daher Scharfschützen par excellence. Sogar noch einschüchternder als ihre Fähigkeiten ist ihre schiere Anzahl, mit der sie ein Feld einnehmen können. Während die meisten Länder nur über sehr wenige Scharfschützeneinheiten verfügen, bringt die Kaiserliche Scharfschützenausbildungsstätte in Thüringen mit alarmierender Geschwindigkeit Absolventen hervor. Es mag beängstigend, wenn auch nicht überraschend sein, wie viele es von ihnen gibt. Deutsche Schützen, besonders jene aus Thüringen, dominieren die internationalen Schießwettbewerbe. Es verhält sich hier ganz ähnlich wie bei den Spaniern, die bei Fechtwettbewerben noch immer unangefochten die besten sind.

Auf dieser Skizze sieht man einen Scharfschützen des 2. Jägerregiments, der einen camouflierenden Ghillie-Anzug über seiner typischen Felduniform trägt. Obgleich diese Uniformen ihre Tarnung ein wenig beeinträchtigen, sind sie ein wichtiger Kompromiss, da solche Truppen recht häufig hinter den Feindeslinien operieren. Nimmt man sie dort ohne Uniform gefangen, müssen sie damit rechnen, wegen Spionage angeklagt zu werden. Die Scharfschützen der Jäger erhalten die besten Präzisionswaffen, die von der deutschen Waffenindustrie hergestellt werden, zum Beispiel die hier abgebildete Krupp-Browning 1892er „Mjolnir". Wer einen Reichsvertrag bekommt, verdient damit ein Vermögen, dementsprechend scharf ist die Konkurrenz.

FLAMMEN-WERFER

15. PREUSSISCHE INFANTERIE

Zwar ist das Geheimnis des Griechischen Feuers, das die Feinde von Byzanz in die Knie zwang, verloren, die moderne Technologie hat jedoch einen angemessenen Ersatz bereitgestellt. Eine furchtbare Waffe, die sich in den Arsenalen vieler Armeen findet, ist der Flammenwerfer, der vom deutschen Heer zuerst entwickelt wurde, wo er bis heute am häufigsten eingesetzt wird. Anfangs war er für ein Zweimannteam vorgesehen – ein Mann bediente die Waffe, während der andere die schweren Treibstofftanks trug –, doch neueste Forschungen haben eine leichtere Ausrüstung mit effektiverer Treibstoffverwertung hervorgebracht, sodass nun auch ein Mann alleine einen Flammenwerfer bedienen kann.

Diese Zeichnung zeigt einen Flammenwerferträger des 15. Preußischen Infanterieregiments, bereit für den anstehenden Einsatz. Zusätzlich zu dem Flammenwerfer und den Treibstofftanks ist er mit einer Gasmaske und einem Stahlhelm ausgerüstet, einer weiteren Neuentwicklung des Heers. Flammenwerfer werden üblicherweise beim Sturmangriff eingesetzt, sie räumen Schützengräben, Bunker und andere Befestigungen mit erschreckender Leichtigkeit. Man muss wohl nicht extra erwähnen, dass die Flammenwerferträger bei ihren Feinden nicht sonderlich beliebt sind und selten geschont werden.

FALLSCHIRM-SPRINGER

1. FALLSCHIRMJÄGER

Die Soldaten des 1. Fallschirmjägerregiments tragen den Spitznamen „die Fledermäuse" und waren die erste Einheit, die in der Luft eingesetzt wurde. Ihren ersten Einsatz absolvierten sie während der Marokko-Offensive im Jahr 1880. Mit ihrer mächtigen Zeppelinflotte beherrscht die Kaiserliche Marine den Luftraum, und dass ihre Truppen aus großer Höhe von den Zeppelinen abspringen und direkt im Kern der Kampfhandlungen landen können, verstärkt ihre Dominanz zusätzlich. Derlei Einsätze sind allerdings noch recht selten – obgleich sie an Häufigkeit zunehmen –, und die meisten der Fallschirmjäger werden im Kampf als gewöhnliche Infanteristen eingesetzt. Die Fallschirmjägerregimenter, besonders das hochgelobte 1. Regiment, zeigen einen ausgeprägten Korpsgeist, der schon an Arroganz grenzt. Sie werden im gleichen Maße von ihren Kameraden in der Infanterie verabscheut, ganz besonders vom Seebataillon (mit dem sie um die Unterstützung und finanzielle Förderung der Marine konkurrieren), wie die deutsche Presse und die Kaiserliche Admiralität sie verehren.

Dieser Fallschirmspringer der Fledermäuse ist bereit für einen Absprung in den Kampfeinsatz. Über seiner Uniform trägt er einen isolierten grauen Kittel und er ist mit einem Mauser-9-mm-Automatikstutzen bewaffnet.

JÄGER

8. ALPENBATAILLON

Ähnlich wie die französischen *Chasseurs Alpins* oder die italienischen *Alpini* sind die Jäger, die ins Alpenbataillon des Heers aufgenommen werden, schon erfahrene Bergsteiger und Scharfschützen, noch bevor sie mit der anspruchsvollen Ausbildung beginnen, die sicherstellen soll, dass nur die stärksten Kandidaten bestehen. Die Rückweisungsquote liegt bei ungefähr 80 Prozent, weshalb die Männer des Alpenbataillons als absolute Elitekämpfer gelten.

Die Einheit hat zwar einen äußerst elitären Ruf, ihr wohl bekanntester Einsatz war jedoch jener während der verheerenden Belagerung von Hochosterwitz im Jahr 1891. Damals zerstörten die französischen Streitkräfte die Südseite des Berges, auf dem die Festung stand, woraufhin die Burg über der österreichischen Garnison und ihren ‚Beratern‘ vom 2. Alpenbataillon zusammenstürzte. Mit diesem Schandfleck in ihrer Geschichte sind diese Bergtruppen nun hoch motiviert, besonders wenn sie es mit französischen Gegnern zu tun haben. Oft melden sie sich freiwillig zu den riskantesten Einsätzen.

Der Jäger des 8. Alpenbataillons, den man auf dieser Zeichnung sieht, ist für eine Bergbesteigung mit einem Enterhakenabschussgerät anstelle seiner üblichen Bewaffnung ausgerüstet.

STURMPIONIER

52. PREUSSISCHE INFANTERIE

Die Sturmtruppen mögen zwar die erste Wahl für eine Angriffsoperation sein, doch sie stehen nun mal nicht immer zur Verfügung, und in diesen Fällen müssen die Befehlshaber mit den Streitkräften auskommen, die erreichbar sind. Auf dieser Skizze sehen wir einen Mann der 52. Preußischen Infanterie, der in Vorbereitung auf einen Schützengrabeneinsatz in ein Kommando der Sturmpioniere versetzt wurde. Er trägt schwere Waffen, darunter einen Bergman-MP81-Automatikstutzen, mehrere Handgranaten und eine brutal aussehende Axt. Anders als die Sturmtruppen, die mit modernen, kugelfesten Rüstungen ausgestattet sind, muss dieser Infanterist seine eigene Rüstung tragen: eine merkwürdige, selbst hergestellte gepanzerte Weste.

Einige Regimenter wählen die Mitglieder eines Sturmpionierkommandos ausschließlich unter Freiwilligen aus, andere ziehen Namen aus einem Hut. Das 52. Preußische arbeitete sich einfach auf einer alphabetischen Namensliste nach unten. Doch ganz gleich, wie sie ausgewählt werden, alle Sturmpionierkommandos werden für ähnliche Aufgaben eingesetzt: als Stoßtruppen zu Aufklärungszwecken, für Sabotageaufträge und zur Informationsbeschaffung.

GRENADIER

3. SEEBATAILLON

Ganz wie die gefeierte französische Fremdenlegion finden sich die Truppen des deutschen Seebataillons oft in der Rolle einer schnellen Eingreiftruppe wieder, und man schickt sie in sämtliche koloniale Außenposten, in denen Verstärkung gebraucht wird.

Auf diesem Bild sehen wir einen Grenadier des 3. Seebataillons in Nordafrika. Er trägt zwar die typische Uniform des Seebataillons, hat sich jedoch die Kopfbedeckung der Tuareg – den *Tagelmust* – umgebunden. Der *Tagelmust* ist mehr als nur ein praktisches Kleidungsstück, wenn man sich in der Wüste befindet: Er erlaubt seinem Träger darüber hinaus, rasch in einer Menschenmenge unterzutauchen. Die dazu passenden Gewänder hat der Grenadier oben auf seinem Rucksack festgebunden. Diese Kleider weisen den Mann als militärischen Berater eines der Tuaregstämme aus, die sich gegen die französische Kolonialherrschaft wehren. Er ist mit einem Mauser G81 bewaffnet, was ebenfalls für eine beratende Tätigkeit spricht. Obgleich das G81 nicht mehr zu den wichtigsten Gewehren des Heeres zählt, wurden Tausende davon in die afrikanischen Kolonien der Engländer und Franzosen geschmuggelt, um die Einheimischen bei ihren Aufständen zu unterstützen. Außerdem werden sie oft deutschfreundlichen Stammesanführern zum Geschenk gemacht, die man vielleicht zu einer Rebellion überreden könnte.

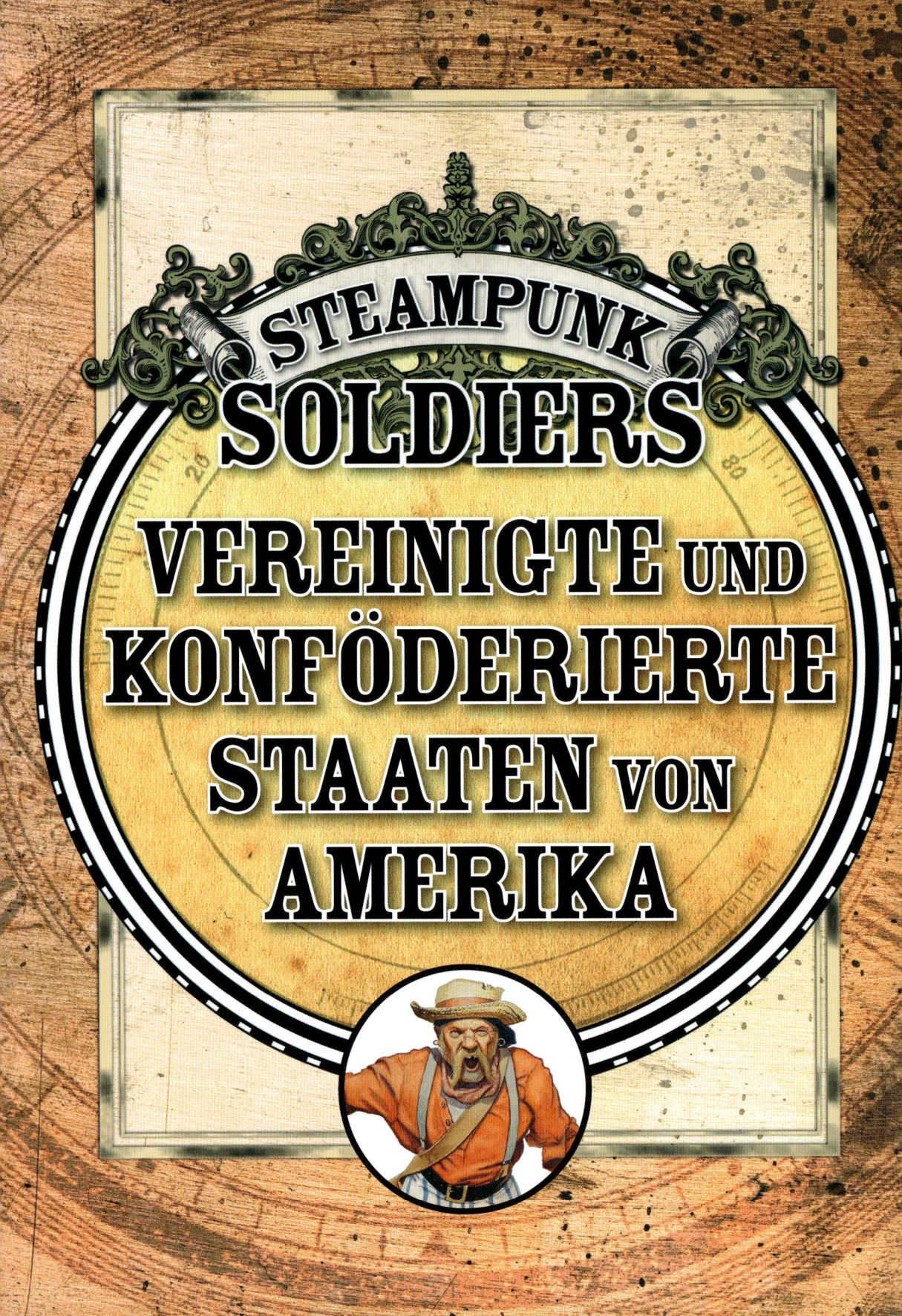

STEAMPUNK SOLDIERS

VEREINIGTE UND KONFÖDERIERTE STAATEN VON AMERIKA

Ob die Nordstaaten den amerikanischen Bürgerkrieg wohl gewonnen hätten, wenn es den Meteorschauer 1862 nicht gegeben hätte? Die meisten Historiker glauben es zumindest. Bei Ausbruch des Krieges verfügten die Nordstaaten über eine weit größere industrielle Basis, über ein besseres Netzwerk an Transportrouten, über sehr viel mehr Einwohner und über so gut wie alle Flottenschiffe des Landes. Obwohl die Nordstaaten einige frühe Schlachten verloren, sah es doch ganz so aus, als ob McClellan mit seinem Halbinselfeldzug bis nach Richmond, der Hauptstadt der Konföderierten, vordringen und den Krieg mit einem entscheidenden Militärschlag beenden könnte.

Aber natürlich kam es anders. Der Meteorschauer, der der Welt so viele technologische Neuerungen brachte, stürzte das geteilte Amerika ins Chaos. Obgleich nur eine kleine Menge Hephaestium über den Südstaaten niederging, war es für die schnell denkenden Südstaatler doch genug, um das Blatt des Krieges wenden zu können. Unter General Lee trieben die Konföderierten McClellan mithilfe der ersten Landpanzerschiffe zurück nach Virginia, und vielleicht wären sie sogar bis nach Washington, D. C., vorgedrungen, wenn die Nordstaatler bei Fredericksburg nicht so erbitterten Widerstand geleistet hätten.

Die nächsten drei Jahre lag der Krieg auf Eis, da beide Seiten die neuen Möglichkeiten des Hephaestiums erforschten, und die Kämpfe wurden mehr und mehr zu einem reinen Grenzkonflikt. Es gab Hunderte von kleinen Kämpfen, und bei den meisten davon wurden merkwürdige neue, dampfbetriebene Waffen eingesetzt. Der Großteil dieser Waffen stellte sich als untauglich heraus, da sie für ihre Träger oft gefährlicher waren als für deren Feinde. Diese Waffen waren schon vor Miles Vandercrofts Geburt längst in Vergessenheit geraten. Einige unter ihnen bildeten jedoch die Grundlage für eine ganz neue Armee, die bei Ulysses S. Grants gewaltiger Invasion des Jahres 1865 im großen Stil ins Feld zog.

Schließlich lag es jedoch an der Politik, nicht an der militärischen Stärke, dass die Südstaaten den Krieg gewannen. Die Wahl von McClellan im Jahr 1868 stellte sich als Verderben für die Union Army heraus (auch wenn gemunkelt wird, sie hätten sich bereits an der Schwelle zum Sieg befunden). Obgleich der Krieg offiziell im Jahr 1869 beendet wurde, entwickelte sich zwischen den beiden Nationen eine Art kalter Krieg, der weitere 50 Jahre andauern sollte. Dankenswerterweise scheint eine Wiedervereinigung nun, nachdem die Konföderierten die Sklaverei im Jahr 1916 abgeschafft haben und es ein Freihandelsabkommen und eine gemeinsame Währung gibt, greifbarer als jemals zuvor zu sein.

PRIVATE

Iron Brigade

Trotz ihres Namens – Eiserne Brigade – besteht der schwere Plattenpanzer der Soldaten der Iron Brigade hauptsächlich aus Stahl und Keramik. Einem Volltreffer aus einem modernen leistungsstarken Gewehr kann er vermutlich nicht standhalten, doch Querschläger und Streifschüsse werden auf jeden Fall gestoppt. Darüber hinaus bietet der Panzer auch gegen Granatsplitter einen guten Schutz. Er macht diese Soldaten außerdem zu einer furchteinflößenden Kampftruppe in Nahkämpfen.

Das schiere Gewicht des Panzers setzt der Einsatzfähigkeit der Brigade als mobile Kampftruppe jedoch Grenzen. Aus diesem Grund ist die Brigade in Annapolis stationiert, von wo aus sie rasch zum Schutze von Washington, D. C., ausgeschickt werden kann, falls die Konföderierten (oder auch andere) versuchen sollten, die Hauptstadt anzugreifen. Dieser Verteidigerrolle wegen sind viele der Soldaten mit dem sogenannten Handrohr ausgerüstet.

Die Vorschriften besagen, dass Soldaten in Rüstung ihre Helme jederzeit tragen müssen, doch wenn sie nicht unter Beschuss stehen, setzen sich die Soldaten der Brigade üblicherweise ihren berühmten und sehr viel bequemeren schwarzen Hut auf.

CORPORAL

UNITED STATES MARINES

In den vergangenen zehn Jahren wuchs die Anzahl der Angriffe auf die Flotte der Vereinigten Staaten beträchtlich an. Obgleich für die meisten dieser Überfälle Kapermannschaften der Konföderierten verantwortlich sind, werden viele davon auch von zentralamerikanischen Piraten begangen. In der Konsequenz ist das Marine Corps der Vereinigten Staaten mittlerweile fast doppelt so groß wie zuvor und viele dieser neuen Marinesoldaten werden tatsächlich ausschließlich im Kampf gegen Piraten eingesetzt.

Der hier gezeigte Schütze der Marine dient auf der USS *Andrew Johnson*. Er trägt eine am Arm befestigte rückstoßkompensierte, doppelläufige Winchester. Es ist zwar oft schmerzhaft, diese Waffe abzufeuern (auch wenn sie über einen Rückstoßkompensator verfügt), und sie verursacht dabei trotz des Lederschutzes nicht selten Brandwunden, doch sie bietet den Vorteil, dass der Träger die Hände frei hat, was bei einem Entermanöver ein wichtiger Vorteil ist.

Alle Marines, die auf einem Kriegsschiff dienen, werden darüber hinaus mit einem „Pittsburgh-Messer" ausgestattet. Der Spitzname dieser modernen Version des Entermessers kommt von der Stadt, in der diese Waffe hergestellt wird.

PRIVATE

11TH NEW YORK INFANTRY REGIMENT „FIRE ZOUAVES"

Die bunten und tödlichen Fire Zouaves bilden eines der ältesten Freiwilligenregimenter in der Union Army. Ursprünglich wurden die Mitglieder aus der freiwilligen Feuerwehr von New York City rekrutiert. Bei der Schlacht von First Bull Run (1861) schlugen sich die Fire Zouaves hervorragend, mussten jedoch schwere Verluste hinnehmen, als sie den Rückzug der Union Army deckten. Nach der Schlacht wurde die Einheit dem Überwachungsdienst in der Nähe von Washington, D. C., zugeteilt.

Während jener recht ereignislosen Zeit begannen die früheren Feuerwehrmänner damit, Experimente mit dem Prototypen ihrer berühmten „Dragon Guns" durchzuführen. Obgleich bei frühen Tests mehrere Männer ums Leben kamen, befürwortete die Union Army dieses Projekt und die Entwicklung schritt fort. Als die Einheit schließlich bei der Schlacht von Lynchburg (1867) ins Feld zurückkehrte, stellte sich heraus, dass ihre Waffen für die Konföderierten eine zu brenzlige Angelegenheit waren.

Heute werden die Fire Zouaves kaum noch als Einheit ins Feld geschickt. Stattdessen werden kleine Kommandos anderen Einheiten zugeteilt, um diese zu unterstützen.

PRIVATE

13TH BATTALION, ARMY ENGINEER CORPS

Das „Lucky 13th" Engineer Bataillon wurde im Jahr 1878 als Reaktion auf den ausgedehnten Befestigungsanlagenbau der Konföderierten gegründet, der zu dieser Zeit stattfand. Die Rekruten stammten zum Großteil aus den Bergbaustädten Pennsylvanias. Das Bataillon wurde mit mehreren gepanzerten Untergrund-Truppentransportern vom Typ Mk II „Boremaster" ausgestattet und ist speziell dafür ausgebildet, feindliche Befestigungsanlagen anzugreifen und die Besatzung in Schach zu halten. Bisher musste das Bataillon seine Pflicht jedoch erst einmal erfüllen, nämlich während des Aufstands von Wyoming im Jahr 1884.

Dieser Soldat hier ist ein Private des Bataillons, der mit einem der Boremaster in den Kampf ziehen würde. Als solcher trägt er als Standardausrüstung ein paar robuste Savage-North-Schnellfeuerpistolen. Darüber hinaus ist er mit einem traditionellen Bergarbeiterhelm samt Karbidlampe und einer wiederverwendbaren Clearair-Atemmaske ausgestattet.

PINKERTON AGENT

PRESIDENTIAL BODYGUARD

Als die Pinkertons im Jahr 1868 offiziell zu den Leibwächtern des Präsidenten der Vereinigten Staaten erklärt wurden, verfügten sie bereits über jahrelange Erfahrung in dieser Tätigkeit. Unter ihrem Schutz wurde trotz zahlreicher Attentatsversuche (es gibt mindestens sieben gut dokumentierte Fälle) noch nie ein Präsident getötet oder auch nur verwundet.

Die Pinkertons bestehen aus etwa zwanzig Agenten, die sich schichtweise abwechseln, damit der Präsident zu jeder Zeit geschützt ist. Wenn nötig kann auch rasch Unterstützung herbeigerufen werden. Im Allgemeinen dienen diese Leibwächter für die Dauer einer Amtszeit eines Präsidenten. Nach Ablauf derselben gehen sie entweder in Ruhestand oder wenden sich anderen Aufgaben zu.

Die Pinkertons haben keine offizielle Uniform, doch sie tragen fast alle graue Mäntel und Melonenhüte, die mittlerweile zu ihrem Markenzeichen geworden sind. Den Agenten ist es in der Regel gestattet, ihre eigenen Seitenwaffen zu kaufen, und dieser hier ist mit einer seltenen dreiläufigen *Pistola con Caricato* bewaffnet, einem italienischen Revolver mit Kaliber 6,35 und 18 Schuss. Darüber hinaus trägt dieser Agent eine „Sternenlicht"-Brille für Nachteinsätze.

PRIVATE

LOUISIANA TIGERS

Die Louisiana Tigers sind eine innerhalb der Confederate Army einmalige Organisation. Sie sind die einzige Infanterie, bei der die Anzahl der Soldaten nicht festgelegt ist, und die einzige Einheit, die keine Wehrpflichtigen aufnimmt. Darüber hinaus rekrutieren sie als einzige Einheit ihre Mitglieder aktiv aus dem Ausland.

In vielerlei Hinsicht sind die Tigers so etwas wie die französische Fremdenlegion der Konföderierten. Sie akzeptieren jeden Freiwilligen, der die körperlichen Anforderungen erfüllt, ungeachtet seines Hintergrunds. Die Soldaten verpflichten sich für zehn Jahre, nach Ablauf dieser Frist werden sie zu offiziellen Bürgern der Konföderierten Staaten von Amerika und bekommen als Lohn ein etwa 16 Hektar umfassendes Stück Land sowie ein Maultier.

Der hier dargestellte Soldat steht exemplarisch für das furchteinflößende, piratenhafte Aussehen, das viele der Tigers annehmen. Die Tigers dürfen sich ihre Waffen selbst aussuchen. Dieser Mann trägt eine dreiläufige Remingtonflinte und einen Tomahawk, was nahelegt, dass er üblicherweise beim Angriff eingesetzt wird.

FAHRER

1ST CONFEDERATE LAND IRONCLAD REGIMENT

Im Vergleich zu den riesigen Landschlachtschiffen der Deutschen sind die Landpanzerschiffe der Konföderierten eher klein. Die Mannschaft ist in der Regel vier bis acht Mann stark, und das Gefährt weist nur ein einziges schweres Artilleriegeschütz auf. Dies liegt zu einem Teil daran, dass es den Konföderierten an Stahl und natürlichen Ressourcen mangelt, ist aber auch dem zerklüfteten, dicht bewaldeten Gelände geschuldet, das noch immer den Großteil der Grenzregionen zwischen Union und Konföderierten ausmacht.

Das Kämpfen in einem Landpanzerschiff ist eine heiße, ermüdende und gefährliche Arbeit. Während das Regiment die meisten seiner Soldaten den Einberufungsbefehlen verdankt, gibt es auch ein paar Freiwillige, die in den Landschiffen die Zukunft der Kriegsführung sehen. Diese Freiwilligen werden oft als Fahrer eingesetzt, so wie der Soldat auf dieser Zeichnung. Er trägt eine Beauregard-Flakweste, die ihn vor umherfliegenden Nieten und anderen losen Teilen im Schiffsinneren schützen soll. Die Weste stellt dem Fahrer außerdem einen Vorrat an komprimiertem Sauerstoff zur Verfügung, an den er durch den Schlauch auf seiner Brust herankommen kann. Diesem Fahrer hier ist es darüber hinaus gelungen, sich einige aus der Schweiz stammende, kompakte Handwerkzeuge zu beschaffen, die er am Unterarm befestigt hat.

FIRELIGHTER

3RD MISSISSIPPI „COTTON BURNERS"

Das 3. Mississippi-Infanterieregiment wurde im Jahr 1861 gegründet. Der erste richtige Einsatz folgte ein Jahr später während der Steele's Bayou Expedition. In den sumpfigen Wäldern des Südens setzte das Regiment erstmalig jene Taktiken ein, für die es heute berühmt ist. Als die Kanonenboote der Union Army den Fluss herunterkamen, blockierten die Firelighter den Weg mit gefällten Bäumen. Dann spickten sie beide Flussufer mit großen Ballen pechgetränkter Baumwolle, steckten diese in Brand und trieben die Flammen und den giftigen Rauch zu ihren Opfern hinüber.

In den dreißig Jahren, die seit jenen ersten Hinterhalten vergangen sind, hat das Regiment sowohl seine Taktik als auch seine Ausrüstung verfeinert und unterschiedliche Brandballen entwickelt, die verschiedene Wirkungen entfalten. Darunter ist auch einer, der eine starke Säurewolke verbreitet. Darüber hinaus haben die Soldaten dieses Regiments spezielle Gasmasken entwickelt, die sie vor den eigenen tödlichen Dämpfen schützen sollen.

Diese Abbildung zeigt einen der „Feuermacher" des Regiments, denen die gefährliche Aufgabe zukommt, die tödlichen Ballen in Brand zu stecken.

PRIVATE

Confederate Army Signal Corps

Während sich die drahtlose Kommunikation allmählich auf der ganzen Welt durchsetzt, wird der Großteil der Informationen in Amerika noch immer per Telegramm entlang der endlosen Telegrafenleitungen versendet. Dieses Netzwerk instand zu halten ist schon unter Idealbedingungen schwierig; wenn sich dann auch noch Saboteure über die Grenze schleichen, um die Leitungen durchzuschneiden oder umzuleiten, erscheint es manchmal wie eine schier unmögliche Aufgabe.

Diese Skizze zeigt einen jener Saboteure, einen Private der Fernmeldetruppe der Confederate Army. Seine Hauptaufgabe besteht darin, ungesehen die Grenze zu passieren und an die Telegrafenleitungen heranzukommen, um entweder gesendete Nachrichten abzuhören oder falsche Informationen zu verschicken. Man achte besonders auf das Spitzenmodell eines tragbaren Marconi-Telegramm-Sendeempfängers, das von seiner Schulter hängt.

Soldaten der Fernmeldetruppe tragen immer eine Uniform, jedoch nur selten eine Waffe. Werden sie gefasst, erwartet man von ihnen, dass sie sich sofort ergeben. Dies passiert auf beiden Seiten so oft, dass sich ein effizientes Gefangenenaustauschsystem nur für Signalgasten entwickelt hat.

JUMP TROOPER

1st Virginia Aero-Kavallerie

Die Idee einer Luft-Kavallerie – einzelne Soldaten, die mit einer Art Flugrucksack ausgestattet werden – geistert schon seit mindestens zwanzig Jahren umher. Die Amerikaner scheinen von dieser Idee ganz besonders fasziniert zu sein, denn sowohl die Vereinigten als auch die Konföderierten Staaten arbeiten hart an der Entwicklung einer entsprechenden Technologie – bisher jedoch ohne sonderlichen Erfolg.

Trotzdem gibt es in beiden Armeen Aero-Kavallerieeinheiten. Die Soldaten jener Einheiten werden derzeit mit sogenannten Sprungrucksäcken ausgestattet. Diese gefährlichen Geräte schleudern ihren Träger mithilfe einer gewaltigen Menge komprimierten Dampfes im hohen Bogen in die Luft. Dann werden kleinere Dampfstöße eingesetzt, um (hoffentlich) sanft auf den Erdboden zurückzukehren.

Die Aero-Kavallerie ist ein gutes Beispiel dafür, dass die sich überschlagenden technologischen Entwicklungen der Militärstrategie bisweilen davonlaufen. Bisher wurde noch keine Einheit der Aero-Kavallerie jemals im Kampf eingesetzt und es ist noch nicht einmal vollständig geklärt, welche Aufgabe sie im Feld hätten. Dennoch sieht es nicht danach aus, als würde die Idee von fliegenden Soldaten bald untergehen.

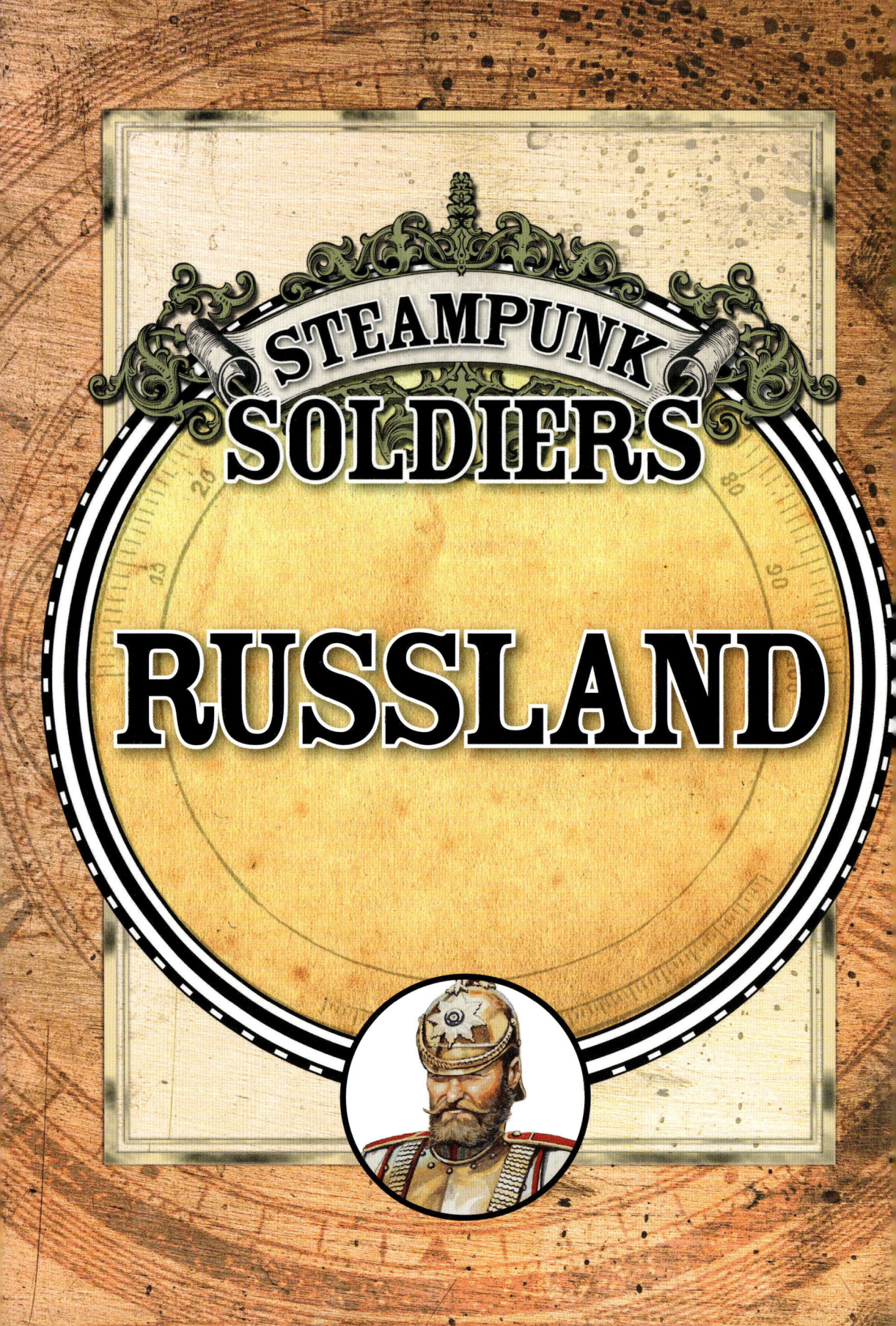

STEAMPUNK
SOLDIERS

RUSSLAND

In der weiten Einöde Sibiriens ging nach Kanada die zweitgrößte Menge an Hephaestium nieder. Anders als Großbritannien war Russland allerdings nicht in der Lage, sofortigen Nutzen aus diesem Glücksfall zu ziehen. Da es nur wenige Straßen und Eisenbahnschienen in Sibirien gab, trudelten die Lieferungen nur langsam in Moskau und anderen Großstädten ein. Aber selbst wenn die Regierung in der Lage gewesen wäre, große Vorräte anzuhäufen, ist es doch unwahrscheinlich, dass Russland diese Vorräte rasch hätte verarbeiten können. Seit Zar Alexander II. die Leibeigenschaft abgeschafft hatte, war erst ein Jahr vergangen, und die Industrialisierung des Landes steckte noch in den Kinderschuhen.

Vielleicht ist dies der Grund, warum Russland bei der Verwendung des Hephaestiums einen vollkommen anderen Weg gewählt hat als der Rest der Welt. Anstatt das Element zu nutzen, um dampfbetriebene Technologien zu entwickeln – die Russland kostengünstiger aus anderen Ländern importieren konnte –, lenkte der Zar die Anstrengungen seiner Wissenschaftler darauf, mit den chemischen Eigenschaften dieses Elements zu experimentieren.

Schon bald wurden auch im großen Stil Menschenversuche durchgeführt, und eine erhebliche Anzahl an auf Hephaestium basierenden Mitteln wurde entwickelt, mit dem Ziel, den menschlichen Körper zu verbessern. Wie man inzwischen weiß, können solche Experimente auf kurze Sicht zwar äußerst effektiv sein und sowohl Stärke als auch Geschwindigkeit, Aufmerksamkeit und sogar Selbstheilungskräfte steigern, die Langzeitwirkungen derartiger Anwendungen sind jedoch mit fast absoluter Sicherheit tödlich. Doch dies weiß man erst jetzt. Damals verschleierte die kürzere Lebenserwartung – besonders die von Soldaten – diese Nachteile und Russland setzte derlei Gebräue selbst lang nach dem Ende des Großen Krieges der Welten noch ein.

ADMIRAL ZINOVY ROZHESTVENSKY

KOMMANDANT DER RUSSISCHEN NAUTILUS-FLOTTE

Admiral Zinovy Petrovich Rozhestvensky dürfte wohl der größte Denker und Taktiker der Unterwasserkriegsführung sein. Rozhestvensky befehligte die *Peter der Große* – Russlands erstes einsatzfähiges Unterseeboot – während der Schlacht von Hong Kong (1886), und die Männer, die unter ihm dienen, nennen ihn voller Zuneigung den verrückten Hund. Vor allem dank dieses glorreichen Erfolgs ernannte der Zar Rozhestvensky zum Befehlshaber der stetig wachsenden russischen Unterseebootflotte.

Man weiß nicht, wie viele Unterseeboote die russische Flotte im Augenblick umfasst. Die Tatsache, dass die Spekulationen hier von vier bis 25 reichen, zeigt nur, wie gut es der russischen Regierung gelingt, die genaue Anzahl geheim zu halten.

Ich möchte dem Admiral meinen persönlichen Dank dafür aussprechen, dass er sich bereit erklärt hat, mich kurz zu treffen, und dass er mir gestattet hat, diese rasche Zeichnung von ihm in seiner Uniform anzufertigen. In den Händen hält er ein Modellschiff der *Peter der Große*.

SOLDAT

STRÄFLINGSBATAILLON

Erstmalig ließ Russland die Soldaten seines neuen Sträflingsbataillons während der Belagerung von Plevna (1877) von der Leine, wo Tausende von Schwerverbrechern und früheren politischen Gefangenen über die osmanischen Stellungen hinwegfegten und die Stadt einnahmen. Viele Jahre lang wurde in anderen Ländern gerätselt, wie es der russischen Regierung gelungen war, einen derartigen Kampfgeist bei ihren Sträflingen zu wecken. Schließlich wurden einige dieser Sträflingssoldaten gefangen genommen und das Geheimnis kam ans Licht. Vor dem Einsatz wird jedem Soldaten des Bataillons ein langsam wirkendes Gift injiziert. Das Gegenmittel verbleibt in den Händen der Befehlshaber des Sträflingsbataillons, die hinter der Frontlinie warten. Den Soldaten bleiben nur zwei Möglichkeiten: Wenn sie kämpfen, bleibt ihnen wenigstens eine Chance zu überleben, andernfalls erwartet sie ein langsamer, qualvoller Tod.

Die Soldaten des Sträflingsbataillons haben keine offizielle Uniform und sie werden auch nicht einheitlich bewaffnet. Stattdessen sind sie mit dem ausgestattet, was sie im Feld zusammensuchen können, und oft stammen ihre Ausrüstungsgegenstände von toten Soldaten. Die einzigen echten Erkennungsmerkmale des Sträflingsbataillons sind, wie hier zu sehen, die Schellen an Hals und Knöcheln und die kahl geschorenen Köpfe.

Interessanterweise gibt es beim Sträflingsbataillon keine Offiziere. Stattdessen werden die Soldaten von Offizieren befehligt, die dem Bataillon – oft als Strafmaßnahme – von anderen Einheiten zugeteilt werden.

GRENADIER

1. GARDE-GRENADIERREGIMENT

Im Jahr 1753 von Kaiserin Elizabeth I. gegründet, gehört das 1. Garde-Grenadierregiment zu den sagenumwobensten Einheiten der gesamten russischen Armee. Seit seiner Gründung hat das Regiment in jedem größeren Konflikt mit russischer Beteiligung gekämpft, und die Liste der Ehrungen ist zu lang, um sie hier wiederzugeben. Zuletzt kämpfte das Regiment im Krieg der polnischen Teilung (1882–1883), in dem es in der Schlacht von Lomza (1883) gerade noch rechtzeitig eintraf, um das Blatt zu wenden und Russland zum Sieg zu verhelfen.

Das Regiment rekrutiert seine Soldaten aus anderen Einheiten. Die Rekruten haben ihren Dienst bereits abgeleistet, und für das Grenadierregiment müssen sie sich für mindestens acht weitere Jahre verpflichten. Die meisten der Grenadiere dienen jedoch ihr Leben lang.

Das Regiment wird derzeit mit einem nach amerikanischem Entwurf in Russland angefertigten zweiläufigen, halbautomatischen Pitcher-Gewehr ausgerüstet. Die markante Brille ist offiziell einfach ein Teil der Uniform, der keinem speziellen Zweck dient, doch viele Soldaten ändern sie ab, um Sehschwächen zu korrigieren oder gar ihre Sehfähigkeit zu verbessern.

VIVANDIÈRE

ARMEEKRANKENHAUS-KORPS

Russland ist derzeit die einzige Nation, die *Vivandières* in ihrer regulären Armee beschäftigt (Frankreich, Spanien und die Vereinigten Staaten tun dies schon seit Jahren nicht mehr). Ursprünglich reichten diese Frauen den Soldaten und den Verwundeten im Feld Wasser und Wein. Die russischen *Vivandières* führen diese Tradition fort und haben nun zusätzlich eine ‚medizinische' Rolle übernommen.

Niemand (außerhalb Russlands) weiß, was genau diese merkwürdigen kleinen Flakons enthalten, die die *Vivandières* mit sich tragen, doch es kursieren diverse Gerüchte – sowohl aus dem Russisch-Osmanischem Krieg (1877–1878) als auch aus dem Mongolischen Grenzkrieg (1881) – über schwer verwundete Soldaten, die wieder kampfbereit waren, nachdem sie eine Spritze bekommen hatten. Doch anscheinend hat kaum einer dieser derart versorgten Soldaten das Ende der jeweiligen Schlacht lange überlebt.

Derzeit sind diese Frauen im Feld durch ihren Nichtkombattanten-Status geschützt, auch wenn es in den Reihen des Militärs viele gibt, die diese Einordnung fragwürdig finden.

MEDVED

Die Bärengarde des Zaren

Nur wenige Menschen glauben wirklich an die Gerüchte, die *Medveds* der Bärengarde seien durch ein chemisches Gemisch, das auch Bärenblut enthält, körperlich verändert worden. Wenn man sich diese gigantischen Krieger jedoch ansieht, fällt es schwer, sie für normale Menschen zu halten. Jeder einzelne dieser Soldaten ist über zwei Meter groß, einige von ihnen scheinen sogar zweieinhalb Meter zu messen. Ihre Schultern sind breit, ihre Arme lang und außergewöhnlich muskulös. Dies lässt sie ein wenig unproportioniert und oberkörperlastig wirken.

Die *Medveds* kämpfen nicht als Einheit, stattdessen werden einzelne Soldaten oder kleine Gruppen für besondere Aufgaben eingesetzt. Der Zar hat stets vier von ihnen um sich, sie sind Teil seiner persönlichen Leibgarde. So halten es auch viele hochrangige Offiziere und Befehlshaber des Militärs. Man nimmt an, dass ein Großteil der *Medveds* als unabhängige Grenzwachen dient und die ausgedehnte Wildnis an der russischen Grenze durchstreift.

Im Kampf verzichten die *Medveds* auf Feuerwaffen und verlassen sich stattdessen auf Nahkampfwaffen. Am häufigsten verwenden sie das osmanische Yatagan-Schwert, die Keule und die Kampfklaue. Viele von ihnen nehmen den Skalp ihrer Opfer als Trophäe mit.

GEWEHRSCHÜTZE

SIBIRISCHE IRREGULÄRE TRUPPEN

Nur die Zähesten lassen sich in den endlosen, eisigen Weiten der sibirischen Einöde nieder. Diese Männer sind an ein Leben in Einsamkeit und an ihre individuelle Freiheit gewöhnt und geben daher keine guten Soldaten ab. Doch ohne Weiteres lässt Russland militärisches Potenzial nicht ungenutzt, und so hat das Land selbst für jene undisziplinierten Männer noch eine Rolle gefunden. Wann immer die russische Armee in den Einsatz zieht, wird sie von einer kleinen Truppe sibirischer Gewehrschützen begleitet.

Die Sibirer, die von Geburt an zu Jägern und guten Schützen ausgebildet werden, geben hervorragende irreguläre Truppen ab. Sie werden als Scouts eingesetzt, erkunden das Terrain vor oder an den Flanken des Heers und sammeln Informationen. Dafür werden sie mit einem ganz besonderen Gewehr ausgerüstet, das nur „die Giftflinte" genannt wird. Tatsächlich feuert dieses Gewehr spezielle mit starkem Schlaftrank gefüllte Pfeile ab, die ideal sind, um Gefangene zu machen, die man anschließend befragen kann.

UHLAN

1. Weissrussische Lanzenreiter

Dank des berühmten Gedichts von Alexander Kirillovich, das mittlerweile in fast alle europäischen Sprachen übersetzt wurde, sind die 1. Weißrussischen Lanzenreiter heute wohl die berühmtesten Kavalleristen der Welt. Auch wenn sie nicht als einzige Kavallerie bei jenem großen Angriff dabei waren, der die britische „Rote Linie" bei der zweiten Schlacht bei Balaklawa (1871) aufbrach, passte der Name offenbar wunderbar in Kirillovichs Versmaß, und so erhielt er die meisten Ehrungen.

Dessen ungeachtet gehört diese Einheit jedoch mit Sicherheit zu den besten und elitärsten Kavallerieformationen in ganz Europa, und wenn man die Soldaten in ihren schimmernden goldenen Helmen, Brustplatten und Beinschienen sieht, muss man zugeben, dass sie auch entsprechend aussehen. Ihre Beinschienen sind einzigartig, denn sie sind mit eingebauten Sporenspritzen versehen, von denen die Soldaten im Kampf Gebrauch machen können. Niemand weiß, was genau diese Spritzen enthalten, doch es steigert für eine kurze Dauer sowohl Geschwindigkeit als auch Stärke der Reittiere der Lanzer.

GRENZSCOUT

GROSSFÜRSTENTUM FINNLAND

Obwohl Finnland eigentlich zu Russland gehört, ist es dem Land erlaubt, seine eigenen Streitkräfte zu unterhalten, jedenfalls im Augenblick noch. Als Teil dieser ‚Übereinkunft' wurde Finnland damit beauftragt, die Grenze zu Schweden zu bewachen, die längs beider Länder hauptsächlich durch unbewohnte Gebiete verläuft. Diese Aufgabe fällt größtenteils den Grenzscouts zu.

Der hier dargestellte Grenzscout ist mit einem in Russland entwickelten Aeroski-Antrieb ausgestattet. Bei Feldversuchen brachten es Soldaten mit dieser Ausrüstung auf bis zu 65 Stundenkilometer, wenn auch nur auf ausgedehntem freiem und ebenem Terrain. Abgesehen von seinem Gewehr (das er eingepackt auf dem Rücken trägt) ist dieser Soldat noch mit einem Paar russischer Luger-Skistöcke bewaffnet. Es ist zwar nicht leicht, mit diesen Waffen ein Ziel anzuvisieren, doch sie stellen sicher, dass auch ein rasender Aeroski-Fahrer noch in der Lage ist, sich zu verteidigen. Zusätzlich dienen die Skistöcke als Ersatzmagazine für die Pistolen.

STEAMPUNK SOLDIERS

ÖSTERREICH-UNGARN

Als das Hephaestium auf die Erde fiel, existierte Österreich-Ungarn als politische Einheit noch nicht. Erst im Jahr 1867 bildete sich dieses Reich unter einer verwirrenden Doppelmonarchie, in welcher der König von Österreich die eine Hälfte des Landes regierte, der König von Ungarn dagegen die andere. In diesen frühen Jahren der geteilten Herrschaft hinkte Österreich-Ungarn den meisten anderen Ländern in der militärischen Entwicklung hinterher. Obwohl das Land in industrieller Hinsicht eines der fortgeschrittensten weltweit war, mangelte es doch an politischem Willen, diese Industrie zugunsten der Streitkräfte zu nutzen.

Im Jahr 1885 änderte sich dies jedoch schlagartig, als Franz Joseph I. durch eine Reihe äußerst komplizierter politischer Schachzüge zum Herrscher über beide Hälften des Reiches wurde. Entschlossen, seine Armee zu modernisieren und den anderen Streitkräften in Europa ebenbürtig zu machen, leitete Franz Joseph umfassende Reformen ein. Ohne dass zunächst viel Notiz davon genommen wurde, bewog er außerdem den aus Serbien stammenden Waffenentwickler Nikola Tesla dazu, Amerika zu verlassen – wo er unter Thomas Edison gearbeitet hatte – und nach Österreich zu kommen, um neue Waffen für das Reich zu entwickeln.

Im Laufe der nächsten zwanzig Jahre wurde Tesla aufgrund seiner Forschungsarbeit auf dem Gebiet der Elektrizität und seiner Entwicklung der hephaestiumbetriebenen Teslaspule zu einem der führenden Waffenentwickler seiner Zeit. Für den Rest der Welt sah es so aus, als verfüge die österreichisch-ungarische Armee über die Macht der Blitze, und kaum ein Soldat wollte sich einer solchen Waffe im Kampf stellen.

Auf lange Sicht erwiesen sich die meisten von Teslas Waffen als für das Schlachtfeld untauglich. Obwohl ebenso furchteinflößend wie tödlich, waren sie vielen simpleren Waffen taktisch doch unterlegen. Ironischerweise hatten Teslas zahlreiche Entdeckungen und Verbesserungen, die er während der Arbeit an diesen missglückten Waffen machte, einen viel weitreichenderen Effekt auf die moderne Technologie als selbst die effektivsten zeitgenössischen Dampfwaffen.

KORPORAL

LANDWEHR-INFANTERIEREGIMENT NR. 4

Die österreichisch-ungarische Armee verfügt über mehrere auf Einsätze in den Bergen spezialisierte Kampfeinheiten, aber die kaiserlich-königliche Landwehr-Infanterie Nr. 4 ist zweifellos die berühmteste. Die Soldaten dieser Einheit werden mit einer Alpinausrüstung (Seilrucksack) ausgestattet und können über tiefe Schluchten hinweg oder an steilen Berghängen hinab buchstäblich in den Kampf gleiten. Diese Taktik hat sich als äußerst effektiv erwiesen, zum Beispiel während des Liechtenstein-Einsatzes (1882) und des Schweizer Grenzkonflikts (1885).

Diese Zeichnung zeigt einen Korporal der Einheit. Neben seinem Seilrucksack und seinem M95-Mannlicher-Repetierstutzen trägt dieser Soldat außerdem noch ein Krupp-Felshakengewehr der ersten Generation. Dieses federgelagerte, mit einer Handkurbel versehene Kletterhakengewehr kann schwere, an einem langen Seil befestigte Felshaken bis zu 180 Meter weit schießen. Mithilfe dieser Waffen können sich die Soldaten ihre sogenannten Schnellstraßen des Himmels bauen.

WACHTMEISTER

K. u. k. Husaren-Regiment Nr. 13

Obgleich die steigende Zahl an Dampfläufern und selbst fahrenden Fortbewegungsmitteln den Bedarf an traditionellen berittenen Kavallerien in Europa zurückgehen lassen hat, haben einige dieser älteren Einheiten tatsächlich auch in den modernen Zeiten neue Aufgaben gefunden, und das gerade dank der modernen Waffenentwicklung. Das österreichisch-ungarische Husaren-Regiment Nr. 13 ist ein gutes Beispiel dafür, da all seine Soldaten mit einem M99-Elektrosäbel ausgestattet wurden. Im englischsprachigen Raum kennt man diese Waffe eher unter der Bezeichnung „Tesla-Säbel".

Im Griff des Säbels befindet sich ein kleiner, versteckter Abzug. Wenn man diesen betätigt, gibt der Säbel Elektrostöße ab, die stark genug sind, um einen Menschen oder sogar ein Pferd zu töten. Gegen ein Fahrzeug eingesetzt, soll der elektrische Schlag angeblich mehrere Insassen außer Gefecht setzen oder sogar töten können. Die schweren Batterien, die dieser Soldat trägt, reichen lediglich für einige wenige Sekunden elektrischer Schläge, doch das reicht schon, um diesen Reitern einen Platz unter den meistgefürchteten Kämpfern der modernen Schlachtfelder zu sichern.

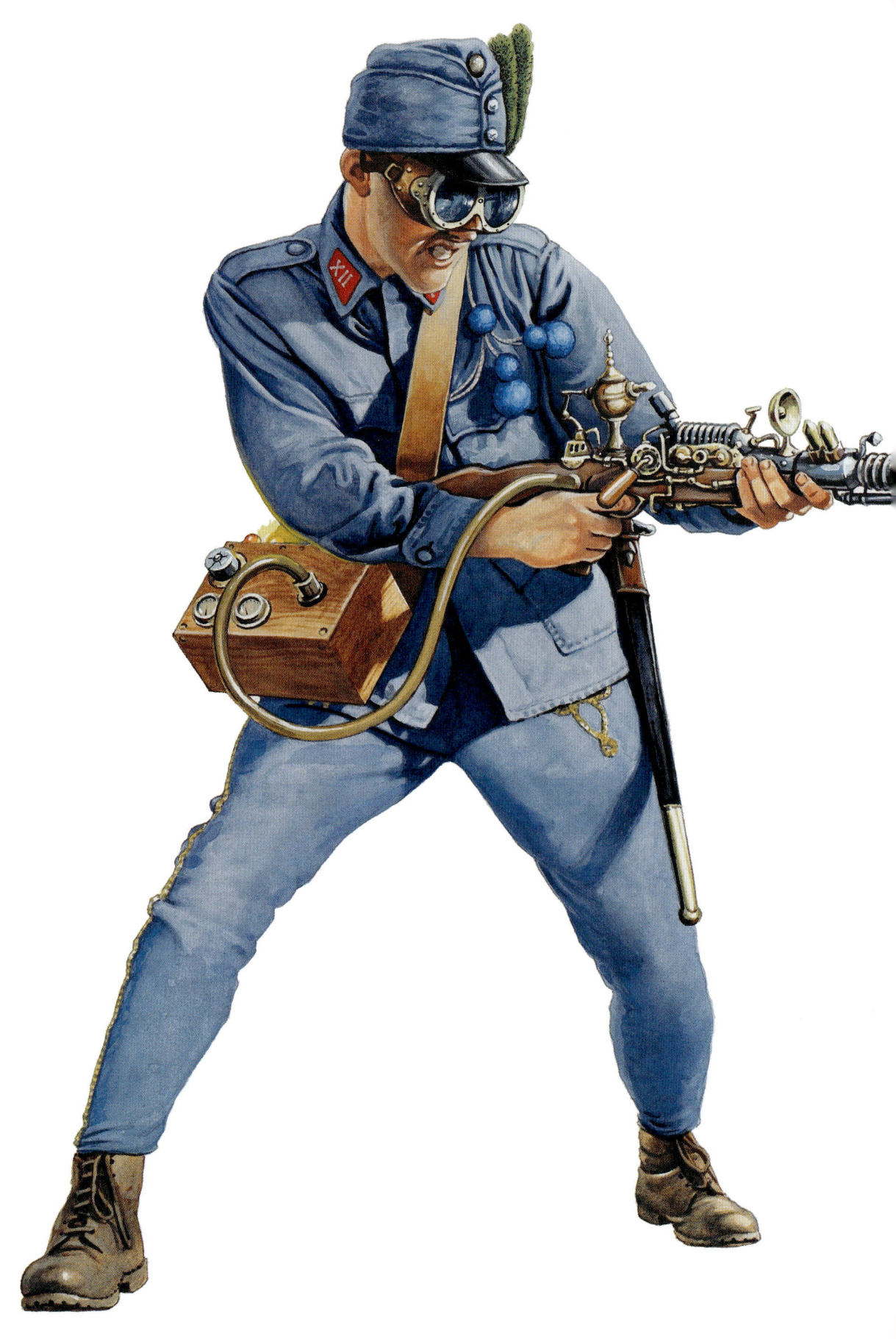

BLITZSCHÜTZE

KROATISCHES INFANTERIEREGIMENT NR. 12

Im Zuge der weitreichenden Reformmaßnahmen, denen die österreichisch-ungarische Armee während der vergangen Jahre unterzogen wurde, hat so gut wie jede Infanterieeinheit mindestens ein paar der gefürchteten Blitzgewehre zugeteilt bekommen. Im englischsprachigen Raum sind sie besser unter der Bezeichnung „Tesla-gun" bekannt. Jede dieser Waffen bedarf eines Zweimannteams, bestehend aus einem Schützen, der die Waffe trägt und abfeuert, und einem sogenannten Maultier, dem die wenig beneidenswerte Aufgabe zufällt, die Ersatzbatterien zu schleppen. Da jede Batterie nur genug Energie für wenige Sekunden Entladungen bereithält, werden die Maultiere dazu angehalten, so viele Ersatzbatterien zu tragen, wie sie nur können.

Der Soldat, den wir hier sehen, stammt aus einem der neu organisierten kroatischen Regimenter. Das blaue Trageband an seiner Schulter zeigt an, dass er am Blitzgewehr ausgebildet wurde. Die schwarze Brille gehört zwar nicht zur Standardausrüstung der Blitzschützen, doch sie wird häufig von ihnen getragen.

SABLAST

KÖNIGREICH SERBIEN

Das Königreich Serbien befindet sich seit dem Berliner Kongress im Jahr 1878 unter österreichisch-ungarischer Kontrolle. Während König Milan I. diesen Umstand als Allianz bezeichnet, empfinden die meisten Serben ihn als Übernahme und leisten mit allen verfügbaren Mitteln Widerstand.

In den vergangenen fünf Jahren hat sich eine neue Streitkraft aus „Freiheitskämpfern" formiert. Diese Kämpfer nennen sich selbst *Sablasten*, was so viel wie „Geister" oder „Gespenster" heißt. Anders als die meisten Rebellen sind diese Soldaten gut ausgerüstet. Sie tragen Uniformen und scheinen eine Rangstruktur entwickelt zu haben. Die *Sablasten* greifen fast immer nachts an, sie überfallen ein österreichisch-ungarisches Waffenlager oder eine Kaserne und verschwinden wieder, wenn der Morgen graut.

Diese Zeichnung beruht auf verschiedenen Augenzeugenberichten. Alle sind sich darin einig, dass die *Sablasten* eine schwarze Ausführung der typischen serbischen Infanterieuniform tragen und dazu eine dunkle Gesichtsmaske. Obgleich ihre Bewaffnung variiert, scheinen die meisten ein amerikanisches Colt-Trommelgewehr („Quick Land") zu bevorzugen, eine gute Waffe für kurze Distanzen, besonders dank des ausklappbahren Bajonetts.

STEAMPUNK SOLDIERS

ITALIEN

Als im Jahr 1862 der Meteorschauer niederging, befand sich das junge Königreich Italien zu weit südlich, um den Vorteil eines großen Hephaestium-Vorrats genießen zu dürfen. Da die Nation außerdem weder über die wirtschaftliche noch über die politische Stabilität seiner größeren Nachbarländer verfügte, schien es unausweichlich, dass Italien an den Rand Europas gedrängt werden würde. Als König Victor Emmanuel II. von seinen Ratgebern zu hören bekam, dass seine neue Nation in einem fairen Kampf nicht gegen Österreich-Ungarn, Deutschland oder Frankreich bestehen könne, ließ er eine simple Bemerkung fallen, die seither als sprichwörtlich für die italienische Militärstrategie gilt: „Warum fair kämpfen?"

Entschlossen, seinen Platz als Großmacht trotz aller Widrigkeiten zu verteidigen, begann Italien einen Feldzug der Spionage, der Sabotage und des schlichten Diebstahls, womit es den Hohn, den Abscheu und die Verachtung seiner Nachbarländer auf sich zog. Zum Glück für Italien waren sein Militär und sein ausgedehnter und hochkomplexer Geheimdienst unfassbar erfolgreich, und auch wenn nur wenige ihrer Rivalen das zugeben würden: Kaum jemand spielte dieses Spiel so gut wie die Italiener. Das Königreich Italien machte sich wenig Freunde, als seine Regierung Söldner anheuerte, Flüchtlingen Zuflucht bot und berühmte Wissenschaftler entführte. Nur der russische Zar, der weit genug von Italien entfernt war, um von dessen Aktivitäten nicht in größerem Ausmaß beeinträchtigt zu werden, war bereit, sich für das Land einzusetzen, dass die französische Zeitung *Le Figaro* einst eine korrupte und schurkische Nation genannt hatte.

Trotz seines Namens war das Königreich Italien keine vereinte Nation – der Kirchenstaat stellte ungeachtet der Tatsache, dass er im Zuge der Vereinigung im Jahr 1806 erheblich an Größe eingebüßt hatte, noch immer eine Macht dar, mit der gerechnet werden musste. Frankreich unterstützte die Päpstlichen Zuaven, die Palatingarde sowie die Nobelgarde und die Schweizer Garde der Esercito Pontificio und etablierte so eine starke Militärpräsenz. Dies zwang das Königreich Italien dazu, stets ein wachsames Auge auf seine eigenen Territorien zu haben, was seine aggressive Außenpolitik in gewisser Weise ausbalancierte.

SCHARFSCHÜTZE

Fanteria Real Marina

Die italienischen Marineinfanteristen wurden seit jeher aus den Reihen der Schützen und Scharfschützen der Marine rekrutiert, und diese Tradition wird bis heute beibehalten. Ihr angeborenes Talent wird nun durch moderne optische Technologien noch verstärkt. Anders als in den meisten anderen Nationen, deren Scharfschützen sich mit Zielfernrohren behelfen, die an ihren Gewehren befestigt sind, rüstet die Fanteria Real Marina ihre Männer mit einem Stirnband aus, das mit einer erstaunlichen Vielzahl von Linsen bestückt ist. Diese können je nach Bedarf ins Sichtfeld geschoben werden und gestatten so eine extrem hohe Zielgenauigkeit.

Obgleich der auf dieser Skizze dargestellte Scharfschütze ein Bajonett an der Hüfte trägt, ist sein Gewehr, ein Lebel Sportif, wohlgemerkt nicht mit selbigem ausgestattet. Dieses privat erstandene Gewehr ist die persönliche Waffe des Marinesoldaten. Die Fanteria Real Marina erlaubt jedem Soldaten, genau die Waffe zu erstehen, die ihm am meisten liegt. Die Marine erstattet die Kosten hierfür. Interessanterweise stört sich die italienische Regierung nicht sonderlich daran, dass sie deshalb einen äußerst vielseitigen Munitionsvorrat anlegen muss, und auch nicht an den Kosten für derart teure Feuerwaffen – sie kritisiert einzig und allein, dass sich nur sehr wenige Männer für ein italienisches Gewehr entscheiden!

ERKUNDUNGS-OFFIZIER

UFFICIO DI ESPLORAZIONE

Die *Ufficio di Esplorazione* (Erkundungsbehörde) wurde im Jahr 1869 von König Victor Emanuel II. gegründet. Sein Ziel war es, ein Kolonialreich zu errichten, das es mit den etablierteren europäischen Mächten aufnehmen konnte. Die *Ufficio di Esplorazione* schickt ihre Leute zugleich als Kundschafter, Diplomaten und Eroberer in die Welt hinaus, mit der Aufgabe zu ergründen, wo Italien etwas erobern und kolonisieren könnte. In einem so vagen und aufreibenden Regierungsauftrag sehen nur wenige Italiener eine solide Karrierechance, weshalb die Behörde ihre Rekruten aus ganz Europa bezieht: jüngere Söhne adliger Familien, die das Abenteuer suchen, draufgängerische Berufssoldaten, Vertriebene, pensionierte Militäroffiziere, die ihrem Soldatenleben nicht den Rücken kehren wollen oder können, sowie alle möglichen Arten von Taugenichtsen und Tunichtguten. Die italienische Armee überwacht das Treiben der Behörde und belohnt all ihre Akteure mit Ehrenrängen in einem italienischen Regiment.

Diese Zeichnung zeigt einen Erkundungsoffizier und demonstriert, wie improvisiert Uniformen und Ausrüstungen dieser Behörde sind. Er trägt eine Uniform der 27. leichten Kavallerie (Vicenza), die er jedoch mit einem privat erworbenen Sonnenhut und einem großkalibrigen Smith-&-Wesson-Revolver kombiniert hat.

GARIBALDINO

AUTOMATON

Der Garibaldino wurde nach dem italienischen Helden Giuseppe Garibaldi benannt und ist der größte Erfolg in der Geschichte des *Ufficio di Esplorazione*. Ein beschädigter Prototyp dieser unbekannten Maschine wurde im Jahr 1880 von einer durch das *Ufficio* finanzierten Expedition in einem verlassenen Dorf in der Nähe von Ankara gefunden und nach Italien geschmuggelt. Seither haben die Ingenieure des italienischen Militärs an diesem Modell, das noch nie in den Reihen des Osmanischen Automatisierten Janitscharenkorps gesichtet wurde, herumgebastelt und es abgewandelt. Es ist nun sehr viel schwerer bewaffnet als seine osmanischen Vettern, zweifellos deshalb, weil den italienischen Streitkräften sehr viel weniger dieser Roboter zur Verfügung stehen.

Das hier gezeigte Exemplar ist mit einer doppelläufigen Dynamitkanone bewaffnet, eine sehr geeignete Waffe für die Basisbefehle, auf die man den Garibaldino programmieren kann: Angriff, Verteidigung und so weiter. Bisher ist es den italienischen Rückentwicklern noch nicht gelungen, die Subtilität und Komplexität osmanischer Roboterprogrammierungen nachzuahmen.

HELLEBARDIER

PÄPSTLICHE SCHWEIZERGARDE

Seit der Gründung der Schweizergarde im Jahr 1506 sind die Gardisten durch ihren Auftrag, den Papst gegen alle Feinde zu verteidigen, berühmt geworden. Gemeinsam mit den Soldaten der Päpstlichen Zuaven, der Palatingarde und der Nobelgarde dienen sie außerdem dem Vatikan als Armee.

Genau genommen sind sämtliche Mitglieder der Schweizergarde Söldner, da sie alle in der Schweiz geboren wurden, jedoch in der Armee eines anderen Landes dienen, doch sie werden selten als solche betrachtet. Die Gardisten müssen unverheiratet sein, fließend Italienisch sprechen und natürlich praktizierende Katholiken sein.

Die Uniformen der Schweizergarde haben sich in den vergangenen hundert Jahren oft gewandelt. Dieser Hellebardier (der niedrigste Rang der Garde) trägt das gegenwärtige Modell, mit dem das bunte Zeitalter der Renaissance mit modernen Elementen in Einklang gebracht werden soll. Dasselbe gilt für die bevorzugte Waffe der Garde, eine Vorderschaftrepetierflinte Kaliber 12 (die mit der Genehmigung von Winchester in Italien gefertigt wird).

STEAMPUNK
SOLDIERS

JAPAN

Obwohl Japan von dem Meteorschauer des Jahres 1862 nicht mit großen Mengen Hephaestium gesegnet wurde, hat dennoch kaum eine andere Nation so von dem Fortschritt profitiert, den dieses Element mit
sich brachte. Auf Hokkaido gab es ein paar kleinere Hephaestium-Fun-
de, später, als sich der Meeresbodenbergbau weiterentwickelte, auch
sehr viel größere an der Küste des Japanischen Meeres und im Pazifi-
schen Ozean, doch Japans wahres Erfolgsgeheimnis lag in seinem ausgeprägten Modernisierungswillen und in seinem Geschick, mit dem es
die Großmächte Europas gegeneinander ausspielte.

Als im Westen die Spannungen zunahmen, wurde Japan zu einem
wertvollen potenziellen Verbündeten und die europäischen Großmächte
begannen sofort damit, das Meiji-Regime zu umwerben. Tatsächlich
überschlugen sich die Botschafter und die Regierungen Frankreichs,
Deutschlands und Großbritanniens geradezu darin, sich beim Kaiser beliebt zu machen. Sie boten ihm Hephaestium, Technologien und Ratge-
ber an und halfen dabei, Japan zu einer modernen, verwestlichten Nation zu machen, und das binnen weniger Jahre. Trotz der Bekundungen
ewiger Freundschaft zeigte die Meiji-Regierung diesen Ländern gegenüber keinerlei Loyalität und begann schon bald damit, auf dem internationalen Parkett die Muskeln spielen zu lassen. Da nur wenige Länder in
der Region Japan das Wasser reichen konnten, genoss die Kaiserlich
Japanische Armee viele anfängliche Erfolge und verfolgte eine aggressive Expansionspolitik.

Wie zu erwarten war, wiesen die Streitkräfte Japans gewisse Ähn-
lichkeiten mit vielen europäischen Armeen auf: russische Chemiewaf-
fen, deutsche schwere Panzerungen, französische Artilleriegeschütze
und die britische Marinestärke. Diese Vielseitigkeit, gepaart mit dem
anhaltenden Willen zu dominieren und einer dynamischen Entwick-
lungspolitik, führte dazu, dass Japan vielseitige Streitkräfte ins Feld
führen konnte, denen keiner der Rivalen des Landes gewachsen war.
Abgesehen von der Technologie legten die japanischen Truppen eine
fantastische – mache sagen auch fanatische – Disziplin an den Tag. Sie
hielten ihre Position oder führten einen Angriff auch unter Umständen,
die andere Soldaten als selbstmörderisch bezeichnet hätten.

KEMURI NO ONI

3. Yokohama-Infanterieregiment

Das *Kemuri no Oni* ist einer der vielen engagierten Sturmtruppenverbände der Kaiserlich Japanischen Armee. Der Name bedeutet „Rauch-Dämonen", worin sich sowohl der furchteinflößende Ruf als auch die ungewöhnliche Ausrüstung dieser Einheit widerspiegeln. Wie man auf dieser Zeichnung eines *Kemuri-no-Oni*-Soldaten des 3. Yokohama-Infanterieregiments erkennen kann, tragen die Soldaten ein kleines Rauchfass an der Hüfte, die mit einer grinsenden Gesichtsmaske verbunden ist. In dem Rauchfass befindet sich ein Gemisch aus Chemikalien, das, wenn man es entzündet, Rauch entwickelt, der von dem Soldaten eingeatmet wird. Unter dem Einfluss dieser Chemikalien werden die *Kemurino-Oni*-Kämpfer außerordentlich aggressiv und können auch mit schlimmen Verletzungen weiterkämpfen, die jeden anderen außer Gefecht setzen würden.

Obgleich sie Gewehre tragen und hin und wieder einen gewöhnlichen Infanterieeinsatz übernehmen, werden die *Kemuri no Oni* meistens als Sturmtruppen eingesetzt. Dieser Schwerpunkt zeigt sich an ihrem Umgang mit dem Bajonett: Es ist dauerhaft am Gewehr befestigt und wird nicht in einer Scheide getragen wie bei anderen regulären Infanterietruppen.

DAIMYO-ANZUG

3. YOKOHAMA-INFANTERIEREGIMENT

Als sich Japan zu einer modernen Industriemacht entwickelte, pflegte es regen Handel mit einer ganzen Reihe von Nationen und gewann dabei Fachkenntnisse, Berater und vor allem neue Technologien. Anstatt jedoch das Erworbene einfach nur zu benutzen, nahmen japanische Wissenschaftler und Ingenieure jedes Stück auseinander, untersuchten es haarklein, um herauszufinden, wie genau es funktionierte, und setzten dann die Herstellung heimischer Nachbauten in Gang, was den Patentinhabern auf der ganzen Welt viel Ärger bereitete. In mehreren Fällen gelang es den Japanern sogar, die Entwürfe zu verfeinern und ihre Nachbauten noch effektiver zu machen als die Originale. Demzufolge ist es nicht verwunderlich, dass man im Arsenal des japanischen Militärs vertraut wirkende Maschinerie findet.

Diese Skizze zeigt beispielsweise einen der gepanzerten Infanterieanzüge der Daimyo-Klasse des 3. Yokohama-Infanterieregiments, der abgesehen von den ästhetischen Abänderungen des japanischen Konstrukteurs praktisch identisch mit dem deutschen Rüstungsanzug der Kaiser-Klasse ist. Die bewährte Kombination aus Dampfklaue und Maschinengewehr ist ihm erhalten geblieben. Die neueste Weiterentwicklung des Daimyo ist der Shogun-Anzug, der eine gesteigerte Geschwindigkeit und Reichweite ohne Einbußen bei Rüstung und Feuerkraft bietet. Zweifellos ist das Deutsche Heer ganz versessen darauf, ein solches Modell in die Finger zu bekommen (von den Entwicklern bei Krupp-Browning, Vickers und zahllosen anderen Firmen ganz zu schweigen).

HAUPTMANN

11. KOGA-GRENADIERE

Für seine Sturmtruppen ist die Kaiserlich Japanische Armee zwar am bekanntesten, doch sie bildet auch insgesamt eine moderne Streitkraft, die es mühelos mit den Großmächten Europas oder Amerika aufnehmen kann. Auf dieser Zeichnung sehen wir einen Hauptmann der altgedienten 11. Koga-Grenadiere. Er trägt eine khakifarbene M1893-Winter-Felduniform und ist mit einem Arisaka-Granatwerfer ausgestattet.

Die 11. Koga-Grenadiere waren bei vielen der jüngsten Militäreinsätze Japans dabei, von der Verteidigung von Okinawa (1875) über die Invasion Chinas (1878) bis zum brutalen Feldzug von Insel zu Insel in Indonesien gegen britische und deutsche Streitkräfte sowie gegen einheimische Guerillakämpfer (1890). Der Indonesien-Feldzug bescherte den 11. Koga-Grenadieren den Ruf einer auf Kämpfe im Dschungel spezialisierten Einheit. Zweifellos werden sie bald wieder an die Front geschickt, sollte der sich bereits seit Langem hinziehende Konflikt in Kambodscha zwischen projapanischen und profranzösischen Milizionären weiter eskalieren.

STEAMPUNK
SOLDIERS

KLEINERE
MÄCHTE

Auch wenn die Entdeckung des Hephaestiums den Entwicklungskurs der Menschheit ohne Frage verändert hat, war der Einfluss auf das Mächtegleichgewicht wesentlich geringer: Auch schon vor 1862 waren die heutigen Großmächte jene, die über Ressourcen, Reichtum, Einfluss und den Ehrgeiz verfügten, die Eigenschaften des neuen Minerals auszubeuten. Der Aufstieg Japans ist vielleicht die einzige große Ausnahme, obwohl einige Historiker davon ausgehen, dass Japans Entwicklung auch ohne das Hephaestium in diese Richtung gegangen wäre.

Trotz der andauernden, wenn nicht gar intensivierten Vormachtstellung Großbritanniens, Deutschlands, Frankreichs und der anderen Großmächte waren sie nicht die einzigen Länder der Welt, die über ein gewisses Maß an Stärke verfügten. Andere Nationen verfolgten ihre eigenen Zwecke. Manche davon machten gemeinsame Sache mit ihren mächtigen Nachbarn, andere nutzten die Rivalitäten zwischen den Großmächten zum eigenen Vorteil aus. Einige wenige verfolgten ihre eigenen Hephaestium-Projekte, während andere erste Entwicklungen in alternativen Technologien zustande brachten. Zu nennen wären da beispielsweise Chinas Räderwerke oder die Roboterprogrammierung des Osmanischen Reichs.

Wie die Länder jener Zeit – ob nun groß oder klein –, so entwickelten sich auch politische und rebellische Bewegungen, die teilweise so einflussreich wurden, dass sie sogar mächtige Nationen bedrohen konnten – und wie viele der kleineren Länder profitierten auch mehrere dieser Rebellenstreitkräfte von der Feindseligkeit, die zwischen den Großmächten herrschte. Die Fenians, die Großbritannien so zusetzten, wurden beispielsweise von Deutschland und den Vereinigten Staaten unterstützt, sowohl im Geheimen als auch anderweitig.

Auf seinen Reisen scheint Vandercroft einige der Soldaten und Kämpfer getroffen zu haben, die mit einer jener Nationen oder Splittergruppen verbündet waren. Es ist ihm sogar gelungen, sie zu zeichnen. Wann oder wie genau er diese Möglichkeiten aufgetan hat, bleibt, wie so vieles seiner Arbeit, ein Rätsel.

BOSUN

3RD HURON PRIVATEERS

Zwar haben die diversen Streitkräfte der Fenians, die immer wieder in Kanada einfallen, nie viel erreicht – lokale Garnisonen stehen an der Grenze der Bedrohung entgegen –, die Fenian-Piraten hingegen sind äußerst erfolgreich. Sie sind selbst ernannte Freibeuter, die auf den fünf Großen Seen umherziehen. Diese irregulären Streitkräfte sind nach militärischem Vorbild organisiert, mit Einheiten, die in klar abgesteckten Territorien tätig sind. Darüber hinaus sind sie mit ihren Dampfschiffen und sogar ein paar kleineren gepanzerten Kanonenbooten bestens ausgerüstet und haben sich zur andauernden Bedrohung für die Schifffahrt und die Industrie der Einzugsgebiete entwickelt. Da die Beziehungen zwischen Großbritannien und den Vereinigten Staaten noch immer angespannt sind, bieten die amerikanischen Häfen für die Freibeuter allzu bequeme Rückzugsorte zwischen den Raubzügen.

Dieser Bootsmann der 3rd Huron Privateers trägt gewöhnliche Zivilistenkleidung mit einem grünen Armband, das seine Gefolgschaftstreue verrät. Er ist mit einem Burnside-Trommelgewehr der Union Navy bewaffnet, was die Gerüchte weiter anstachelt, dass die Fenians von der Regierung aus Washington mehr bekommen als nur ihr Verständnis.

SOLDAT

MASCHINENBAUER

Die Maschinenbauer der osmanischen Armee gehören zu den besten ihrer Truppen. Sie wurden von deutschen Instrukteuren ausgebildet und verfügen über das Fortschrittlichste an Technologie, was ihnen die Armee zur Verfügung stellen kann. Besonders tun sich die Maschinenbauer im Bereich der Konstruktion, Wartung und Bedienung der Roboter des Osmanischen Automatisierten Janitscharenkorps hervor. Diese Wunder der militärischen Ingenieurskunst nehmen zahlreiche verschiedene Formen an, von der klingenbewehrten Dervish-Klasse (hier abgebildet) bis zu der mit einem Flammenwerfer ausgestatteten Naffatun-Klasse. Alle Ränge werden dazu ermutigt, neue Entwürfe und Systeme zu entwickeln, und im Falle eines Erfolgs winkt höchstwahrscheinlich eine Beförderung. Tatsächlich stellen die Maschinenbauer wohl den einzigen Zweig der osmanischen Armee dar, in dem Beförderungen eher von Leistungen und Verdiensten abhängen als von sozialem Status. Genau deshalb locken die Maschinenbauer so viele talentierte Männer an.

Dieser Soldat der Maschinenbauer ist in seinem typischen Erscheinungsbild zu sehen: in einer blauen Uniform mit roten Verzierungen, einem roten Fez und einer schweren Lederschürze. Darüber hinaus trägt er eine ganze Sammlung typischer Werkzeuge seines Handwerks bei sich.

CHEMIEWAFFEN-STURMTRUPPEN-SOLDAT

11. INFANTERIE

Wie die mit Flammenwerfern bewaffneten Truppen anderer Streitkräfte gehört der Chemiewaffensturmtrupp der osmanischen Armee wegen seiner entsetzlich verheerenden Waffen zu den meistgehassten Einheiten überhaupt. Doch im Gegensatz zu den Flammenwerfertruppen, deren Männer sich diese Position verdienen müssen, wird dieses osmanische Pendant ausschließlich aus den Mitgliedern von Strafkompanien zusammengestellt: Deserteure, die hier eine letzte Chance bekommen, Soldaten mit Gehorsamkeitsproblemen oder einfach Männer, die einen einflussreichen Vorgesetzten verärgert haben. Einem der Chemiewaffensturmkommandos zugeteilt zu werden, kommt praktisch einem Todesurteil gleich. Die Männer sterben entweder unter Feindbeschuss oder aufgrund von Folgeerscheinungen der Säuren und ätzenden Chemikalien, die sie selbst einsetzen.

Die Männer der Chemiewaffensturmtrupps werden mit langstieligen Sprühvorrichtungen ausgerüstet. Die Tanks mit den Chemikalien tragen sie auf dem Rücken, wie man hier sieht. Welche Chemikalien genau eingesetzt werden, hängt von den Mitteln ab, die gerade verfügbar sind, doch es ist stets eine giftige oder säurehaltige Komponente dabei, die ihre Opfer innerlich und äußerlich verbrennt.

FANGFENG-ANZUG

MÖNCHSORDEN DER SHAOLIN

Obgleich die Beziehung der Shaolinmönche mit der Qing-Dynastie über die Jahrhunderte hinweg stets problematisch war – die Mönche wurden abwechselnd verfolgt und bevormundet –, bewog das Jahr der Zwei Invasionen (1867), in dessen Verlauf China über Indochina von den Franzosen angegriffen wurde und sich gegen die über Korea einfallenden Japaner verteidigen musste, die Shaolinmönche dazu, der Kaiserinmutter ihre Dienste anzubieten. Üblicherweise stehen die für das Militär tätigen Shaolinmönche den chinesischen Streitkräften als Berater sowohl in militärischer als auch in spiritueller Hinsicht zur Verfügung, doch darüber hinaus bilden sie auch eine äußerst gefährliche Nahkampftruppe. Obwohl man sie in erster Linie mit Spiritualität und Meditation in Verbindung bringt, sind sie außerdem an einem von Chinas in technologischer Hinsicht fortschrittlichsten Militärprogramm beteiligt.

Um die Möglichkeiten des menschlichen Körpers zu erweitern, entwickelte der Architekt Yan Shi den aus Bambus gebauten und von einem Räderwerk angetriebenen Fangfeng-Anzug, der die Bewegungen seines Trägers imitiert und dabei dessen Kraft und Geschwindigkeit steigert. Aufgrund ihrer bereits überragenden körperlichen Fähigkeiten bat man die Shaolinmönche darum, den Anzug zu testen. Obgleich das Programm noch in den Kinderschuhen steckt, wurden einige der Fangfeng-Anzüge bereits im Feldtest eingesetzt. Hier sehen wir einen typischen Fangfeng-Anzug, dessen Träger eine klassische Stangenwaffe schwingt.

RAKETEN-ARTILLERIST

KOREANISCHE MILIZ

Was China an fortgeschrittener Technologie fehlt, gleicht es durch Einfallsreichtum und unkonventionelle Kampfmethoden wieder aus, bei denen es einsetzt, was immer gerade zur Verfügung steht. Wenn man bedenkt, welch lange Tradition dieses Land mit Schießpulver, Feuerwerken und unterschiedlichen Sprengstoffen verbindet, mag es nicht sonderlich überraschen, dass China ein gut ausgebildetes Artilleriekorps auf die Beine gestellt hat. Viele der Artilleristen werden anderen Einheiten zugeteilt, angefangen bei der Kaiserlichen Leibgarde, die Peking verteidigt, bis zu Guerillabanden, die in Indochina oder Korea kämpfen. Sie verstärken die Verteidigung oder unterstützen Angriffe, wo auch immer man chinesische Streitkräfte findet.

Wenn sie im Dschungel, im Gebirge oder in anderen unwirtlichen Gegenden im Einsatz sind, wo traditionellere Artillerieausrüstungsgegenstände nicht funktionieren, werden die chinesischen Artilleristen häufig mit einem einfachen Raketenwerfer ausgestattet, wie man ihn hier sieht. Üblicherweise werden diese Raketenwerfer aus einem gespaltenen Bambusrohr hergestellt und man kann mit ihnen diverse, einer Feuerwerksrakete nicht unähnliche Patronen abschießen. Meistens handelt es sich dabei um eine mit Schrotmunition gefüllte Hülse, die das Zielgebiet großräumig abdeckt – zweifellos als Ausgleich für die geringe Treffgenauigkeit einer solch simplen Waffe. Diese Waffe ist sehr einfach herzustellen, zu warten und im Feld einzusetzen. Ersatzpatronen werden in Stoffbeuteln vor der Brust des Schützen oder von anderen Männern seiner Einheit getragen.

AUFSTÄNDISCHER KÄMPFER

FREIER HAFEN VON ANTWERPEN

Diese Zeichnung zeigt einen der Verteidiger des Freien Hafens von Antwerpen, der nur kurzen Bestand hatte. Im Jahr 1888 riefen die Hafenarbeiter einen Streik aus, um gegen ihre niedrigen Löhne und die lange Arbeitszeit zu protestieren. Als sich Gerüchte verbreiteten, die belgische Regierung plane, die Streikenden durch Hunderte von eingeschifften Arbeitern aus den Kolonien im Kongo zu ersetzen, verschärfte sich die Lage weiter. Während die Regierung diese Vorwürfe abstritt, fachten Unruhestifter die aufgeheizte Stimmung noch weiter an, und drei Tage nach Beginn des Streiks wurden die ersten Barrikaden errichtet und der hastig gegründete „Revolutionsrat" erklärte Antwerpen zum Freihafen. Aus dem ganzen Land kamen Radikale in die Stadt geströmt. Auch viele Soldaten desertierten und schlossen sich den Rebellen an. Eine Woche lang gab es immer wieder Gefechte, dann stürmte die belgische Armee die Barrikaden, trieb die Verteidiger an der Trichtermündung zusammen und schlug den Aufstand nieder.

Hier sehen wir einen Deserteur aus einem Infanterieregiment (aus welchem genau ist nicht bekannt), der sich einen roten Schal um den Arm gebunden hat, um sich als Rebell zu erkennen zu geben. Er wurde im Kampf bereits verwundet. Seine KB85 Trench Gun stammt vermutlich aus einer der Plünderungen der Krupp-Browning-Warenlager an den Docks, da die KB85 als Maschinenpistole mit Unterlaufschrotflinte eigentlich für den Exportmarkt bestimmt war.

150

MAMBÍSA

KUBANISCHE FREIHEITSKÄMPFERIN

Es ist eine kaum bekannte Tatsache, dass sich zahlreiche kubanische Frauen dem Kampf für die Unabhängigkeit Kubas von Spanien angeschlossen haben. Obgleich viele von ihnen die Streitkräfte lediglich als Krankenschwestern, Köchinnen oder auf ähnlichen Gebieten unterstützen, ist es auch durchaus nicht ungewöhnlich, sie in den ersten Frontreihen neben den Männern kämpfen zu sehen.

Diese junge *Mambísa* (dies ist der spanische Begriff für weibliche Guerillakämpfer) hat sich die kubanische Flagge an den Hut gesteckt. Sie ist mit einer Beauregard-Repetierbüchse mit einer Sechs-Kammer-Trommel bewaffnet, die höchstwahrscheinlich aus Schmuggelbeständen aus den Konföderierten Staaten von Amerika stammt. Darüber hinaus scheint sie ein Zielmonokel aus der Schweiz zu tragen. Angesichts der hohen Kosten und allgemein seltenen Verfügbarkeit dieser Zielhilfen außerhalb des europäischen Festlandes handelt es sich hierbei allerdings vermutlich eher um einen billigen (und unzuverlässigen) Nachbau.

Als traurigen Nachtrag möchte ich dieser Zeichnung die Anmerkung beifügen, dass diese junge Frau (deren Namen ich nie erfahren habe), zwei Tage nachdem ich den Entwurf für diese Zeichnung angefertigt habe, bei einem Überfall der Spanier ums Leben kam.

ADMIRAL RAFAEL DA SILVA

BEFEHLSHABER DER KAISERLICHEN TRUPPEN IM NORDEN

Admiral Rafael Thiago da Silva, Baron von Salvador, ist der neueste militärische Machthaber, dem das Kommando über die brasilianischen Besatzungsstreitkräfte in Venezuela zugeteilt wurde. In Mexiko und Nordamerika wurden Befürchtungen laut, die Ernennung eines Marineoffiziers könne eine wachsende Bedrohung für den Bau des Panamakanals bedeuten. Tatsächlich ist die Anzahl der Schiffe in der Kaiserlichen Armada in den venezolanischen Gewässern seit da Silvas Ernennung gestiegen, doch der Krieg gegen die Rebellen scheint derzeit seine gesamte Aufmerksamkeit zu fordern.

Seit der Invasion des Nachbarlandes im Jahr 1884 sind die brasilianischen Streitkräfte Ziel äußerst wirkungsvoller Guerillaangriffe. Kasernen werden attackiert, kaiserfreundliche Politiker ermordet und Militärkonvois in Hinterhalte gelockt, was mittlerweile dazu geführt hat, dass viele Brasilianer den sofortigen Rückzug fordern. Obgleich da Silvas Rang und die Beförderung nahelegen sollten, dass er zu den Günstlingen des Kaiserhofes gehört, sind sie doch eher ein Anzeichen dafür, dass er unlängst in Ungnade gefallen sein muss: In den vergangenen fünf Jahren wurden zwei der früheren Befehlshaber der Kaiserlichen Truppen im Norden wegen Hochverrats verhaftet, zwei weitere traten zurück, einer wurde ermordet und einer anderer beging Selbstmord. Inzwischen ist diese Beförderung wohl die unerwünschteste in der gesamten brasilianischen Armee.

AUTOREN

Philip Smith begeistert sich schon sein ganzes Leben lang für Geschichte. Dieses Interesse hat ihn auch während seines Studiums am Lincoln College in Oxford stets begleitet und tut es noch heute bei seiner beruflichen Tätigkeit als Lektor. Seine Spezialgebiete sind Militärgeschichte und Tabletop Wargaming. Er stammt aus Derby und lebt und arbeitet in Oxford.

Joseph A. McCullough ist Autor mehrerer Bücher, darunter *A Pocket History of Ireland* und das bei Osprey Publishing erschienene *Zombies: A Hunter's Guide*. Seine Fantasy-Kurzgeschichten wurden außerdem in diversen Büchern und Zeitschriften veröffentlicht, beispielsweise in *Black Gate, Lords of Swords* und *Adventure Mystery Tales*. Darüber hinaus ist er Mitautor von *The Grey Mountains*, einer Ergänzung des Mittelerde-Rollenspiels.

ILLUSTRATOR

Mark Stacey wurde im Jahr 1964 in Manchester geboren und arbeitet seit 1987 als freier Illustrator. Ihn hat schon immer Geschichte im Allgemeinen fasziniert – und ganz besonders die Militärgeschichte, auf die er sich im Laufe seiner Karriere spezialisiert hat. Er lebt und arbeitet in Cornwall.